Detlef Busse

Hannoversche Zoogeschichten

**erzählt
von einem Tierpfleger**

Guste, die Fuchsmanguste, steht in der Showarena auf dem Schlauch.

Der mit den Tieren spricht

Detlef Busse ist Jahrgang 1956, Tierpfleger, Tiertrainer und war als Revierleiter Chef von sechs Mitarbeitern. Mit drei seiner Kollegen ließ er dreimal am Tag an fast 365 Tagen im Jahr mehr als 20 Jahre lang lehrreich gestaltete Tiershows im Erlebnis-Zoo Hannover über die Grasbühne seiner Showarena gehen.
Zu den tierischen Hauptdarstellern seiner Shows gehörte ein Fuchsmangusten-Weibchen mit stets ganz eigenem Kopf: Guste soll in einen zwei Meter langen, durchsichtigen Plastikschlauch krabbeln. Die biegsame Röhre ist in der Mitte verknotet

und gerade so breit, dass Guste hineinpasst, wenn sie den Kopf einzieht. Der Schlauch liegt im Gras der Showarena, drumherum sitzen fast 800 Menschen auf Holzbänken, und alle schauen auf Guste. Die Fuchsmanguste ist so groß wie eine Ratte, sieht aus wie ein Erdmännchen und unterscheidet sich von ihm bloß durch einen buschigen Schwanz. Guste vermag sich auf zwei Beine zu stellen, blitzschnell im Kreis einem Finger hinterher zu jagen und Kobras und Skorpione zu fangen. Eigentlich kann sie auch durch den Plastikschlauch krabbeln. Aber jetzt gerade will sie nicht.
Das hat Detlef Busse gemerkt, der neben Guste steht und sich einfach von ihr wegdreht. Er sagt noch ein paar Sätze zur Jagd von Fuchsmangusten in engen Erdtunneln, dreht sich unvermittelt wieder zurück, zeigt nur einmal auf den Schlauch, und schon verschwindet Guste darin. Wie macht er das bloß?

Busse betreute zuletzt 34 Tiere, jedes hat auf einen eigenen Namen gehört. Alle sind kleine Persönlichkeiten, die nur mitmachen, wenn sie gerade Lust dazu haben. Die Darbietungen in Hannover hat Busse als junger Mann mit entwickelt und aufgebaut, zu einer Zeit, als in Deutschland kaum jemand von Tiertraining sprach, und der Begriff Tiershow vor allem mit Zirkusvorführungen verbunden wurde. Im hannoverschen Zoo aber steht die Biologie der Tiere im Mittelpunkt, ohne dass die Besucher es merken.

Wer bei Busse zu Gast war, erlebte Biologieunterricht, ohne die Schule zu besuchen. Wie und was jagen die unterschiedlichen Greifvögel? Können Eulen auch am Tag sehen? Was fressen eigentlich Gürteltiere? Wie passen sich Tiere ihrem Lebensraum an, wodurch sind sie bedroht und wie tarnen sie sich? Warum gibt es überhaupt noch Zoos? Busse entkräftete Vorurteile gegen Schlangen oder Stinktiere, alles anschaulich und stets am lebenden Objekt. Ihm geht es darum, Menschen für Tiere zu begeistern. Die Besucher gingen aus seiner Show und raunten sich zu: Wusstest du das? Wieder was gelernt!

In Busses Show gab es keine Rad fahrenden Papageien oder beschnittenen Greifvögel. Jedes seiner Tiere konnte die angestammten Verhaltensweisen und Bewegungsabläufe an den Tag legen, die es auch in seinem natürlichen Lebensraum zeigt. Nasenbär Manolo verdeutlichte beispielsweise an vier Taschen seinen buchstäblich guten Riecher, der ihm bei der Futtersuche im Regenwald hilft. Wie ein Drogenspürhund am Flughafen sollte er ein Röhrchen mit Gras finden, das ein Kind hinter Busses und Manolos Rücken versteckt hatte. Kein Problem für den Nasenbären, der die richtige Tasche sofort erschnüffelte.

Busse ist überzeugt: Alle seine Tricks, die er in der Arena vorführte, haben mit der richtigen Verständigung zwischen ihm und den Tieren zu tun. Die Kommunikation zwischen Tier und Mensch stand immer und steht auch heute noch im Mittelpunkt seiner

Die Überflieger der Showarena:
zwei Gelbbrustaras.

Der Beginn einer tierischen Freundschaft: Detlef Busse genießt sichtlich die Kontaktaufnahme mit Tapirbaby Carlos.

Arbeit. Seine Zöglinge wurden und werden niemals bestraft. Machen sie einmal nicht mit, drehen sich die Trainer einfach von ihnen weg und versuchen es kurz darauf noch einmal. Bei Guste und ihrem Plastikschlauch klappte das hervorragend.

Überhaupt ist eine gewisse natürliche Begabung bei Busse nicht zu leugnen. Denn mehr als zwei Jahrzehnte begeisterte er Generationen von Zoobesuchern mit seiner guten Laune und immer neuen, faszinierenden Tieren. »Es kam mal eine alte Dame, die sagte, sie sei 84 Jahre alt und habe noch nie gesehen, wie einer so mit Tieren umgeht. Das hat mich bewegt«, erzählt der frühere Cheftiertrainer des hannoverschen Zoos, der heute Hundetrainer und Tierpfleger fortbildet und nicht nur Hundehaltern bei der Verständigung mit ihren Tieren wertvolle Tipps gibt.

Tiertrainer ist kein Lehrberuf, Tiertrainer kann sich jeder nennen. Im Zoo Hannover sind heute alle Mitarbeiter, die sich um Tiere kümmern, ausgebildete Tierpfleger. Auch Busse hatte 1972 im 16. Lebensjahr diese Ausbildung begonnen und Strohballen tragen müssen, die sein damaliges Körpergewicht überstiegen. Dafür gibt es heute zum Glück Gabelstapler und kleinere Ballen. Die harte körperliche Arbeit jedoch ist geblieben.

Wenn es stark regnete, schneite oder stürmte, fielen Busses Vorführungen auch schon mal aus. Trotzdem mussten die Tiere

aber natürlich tagein, tagaus trainiert, gefüttert, gewogen und beschäftigt werden. Tierpfleger sind bei jedem Wetter draußen. Dazu kommt die Arbeit an Wochenenden und Feiertagen. Außerdem der Gestank beim Ausmisten und der Lärm hinter den Kulissen.
Außerhalb der Showzeiten war Detlef Busse oft im Zoo unterwegs. In Arbeitshose und Flanellhemd, mit Stahlkappenschuhen und einem dicken, mehrlagigen Falkner-Lederhandschuh. Darauf thronte Stanley. Mit dem jungen Falkland-Karakara war er zuletzt ganz besonders beschäftigt. »Ich habe immer wechselnde Lieblingstiere – im Moment ist es Stanley. Er gehört zu den intelligentesten Greifvögeln der Welt!«, sagte Busse einmal, als die Tiershows noch zu seinem Alltag zählten.
Wenn er über »seine« Tiere reden kann, strahlt sein ganzes Gesicht unter den schlohweißen Haaren noch heute. Auch seit er in Rente ist, beschäftigt Busse sich mit heimischen und exotischen Tieren. Wenn er über sie spricht, ist ihm anzumerken, wie viel er für sie übrig hat und wie sehr sie ihn faszinieren: »Ich glaube, es gibt kein Tier, das ich nicht mag. Doch, Mücken, die mag ich nicht.«

Maren Lachmund, 31, hat als Scout im Erlebnis-Zoo gearbeitet. Der Text über Detlef Busse entstand ursprünglich 2013 als Reportage während ihrer journalistischen Ausbildung. Heute arbeitet sie als Redakteurin in Hannover und besucht noch immer sehr gern den Zoo.

TIERTRANS

PORTE

Geballtes Kraftpaket: Der Sibirische Tiger Kolja im Dschungelpalast.

»Sieh zu, dass du in Casablanca einen Esel kaufst«

Während meiner Lehrzeit erzählten mir ältere Kollegen einige Geschichten, wie sie wilde Tiere mit dem Schiff aus Indien geholt hatten. Ihre Worte klingen noch heute, mehr als vier Jahrzehnte später, in meinen Ohren:
»Junge, wenn du nach Kalkutta kommst, besorge dir erst einmal einen Hammer und Nägel. Die Transportkisten – made in India – halten nicht bis in den Hamburger Hafen, spätestens im Suezkanal hast du keine Nägel mehr. Und sieh zu, dass du in Casablanca als Erster von Bord kommst, damit du einem fliegenden Händler seinen Esel abkaufst, als Futter für die Tiger. Wenn in der Biskaya die Stürme toben und die Matrosen unter Deck bleiben, dann kletterst du über die Kisten, um sie fest zu zurren, damit sie nicht von Deck gespült werden. Im Hamburger Hafen dann, wenn du dich auf festen Boden unter den Füßen freust, frotzeln dich deine daheimgebliebenen Kollegen an: ›Na, hattest du 'ne schöne Kreuzfahrt?‹ «
Damals war ich mir nicht sicher, ob das nicht alles Tierpfleger-Latein war. Wenn ich allerdings heute unsere Auszubildenden beobachte, wenn ich von meinen Berufserlebnissen erzähle, dann glaube ich den gleichen zweifelnden Ausdruck in ihren Augen zu sehen.
Heutzutage kommen keine Tiere mehr aus freier Wildbahn. Es gibt ausreichend Nachzuchten weltweit, und die Zoos sind per Internet vernetzt. Für viele Arten gibt es Zuchtbücher, in denen jedes nachgezüchtete Tier aufgelistet ist. Es wird vermerkt, wann und wo sie geboren wurden, die genaue Abstammung, wo sie leben und welche Krankheiten sie gegebenenfalls schon hatten. Auf diese Weise werden Zuchtgruppen zusammengestellt. So kam zum Beispiel ein Gorillamann aus Australien in den Zoo Hannover, weil er nicht mit unseren Gorillamädels verwandt war. Im Gegensatz zu früher erreichte dieser Gorilla Hannover natürlich nicht mehr auf dem Seeweg, sondern per Flugzeug.

»SO WAS KANN MAN UNTER KOLLEGEN NICHT MACHEN!«

Lothar ist Falkner im Wildpark Lüneburger Heide und einer der erfahrensten Greifvogelpfleger in Deutschland, mit sehr viel Wissen und guten Kontakten zu Berufskollegen. Er präsentiert die Greifvögel im Tierpark. In Tierparks lässt man Greife frei fliegen, um die Besucher auf sie aufmerksam zu machen. Nach Feierabend ist Lothar ein hundertprozentiger Jäger und Falkner. Falkner sind Menschen, die mit Greifvögeln jagen gehen. Dazu ist ein Jagdschein erforderlich und zusätzlich noch eine Falknerprüfung.

Mortimer, der junge Gänsegeier, im typischen Jugendgefieder.

Lothars Markenzeichen ist ein gepflegter Vollbart, der jeden Weihnachtsmann vor Neid erblassen lässt. Ich habe ihn kennengelernt, als er einen Gänsegeier aus dem Zoo Hannover abholte. Mit dem Geier sollte eine Zucht aufgebaut werden. Mortimer war ungefähr sechs Monate alt und im Zoo geboren. Zu diesem Zeitpunkt sind diese Vögel ausgewachsen und können fliegen, aber sie tragen noch das Jugendgefieder. Das Erwachsenengefieder bekommen sie im Alter von sechs Jahren, dann werden sie auch erst geschlechtsreif.

Die Zucht von Geiern gelang im Zoo Hannover immer sehr gut. Wir hatten jedes Jahr zwei bis drei Jungvögel. Diese schlüpften in einer großen Voliere. Das Nest befand sich in einer Felshöhle am Steilhang. Wir Pfleger hatten keinen Kontakt zu den Küken und beobachteten die Tiere nur mit dem Fernglas. Trotz aller Faszination – eines Tages kommt der Moment, in dem wir die Vögel abgeben müssen.

Lothar bringt gleich eine Transportbox mit. Wir müssen den Vogel nur noch einfangen und chipen. Dabei wird ein reiskorngroßer Chip mit einer Erkennungsnummer unter die Haut gespritzt. So lässt sich das Tier ein Leben lang identifizieren.

Aber wie fängt man einen Greifvogel aus einer Voliere, die 40 Meter lang, 25 Meter breit und vor allem 15 Meter hoch ist? Man geht mit sechs Pflegern in das Gehege und treibt die Tiere hin und her, bis sie an Höhe verlieren und auf dem Boden landen. Zum erneuten Start benötigen die großen Vögel Platz zum Anlaufen. Dabei bleibt genug Zeit, sich einen der Geier zu greifen.

Normalerweise gilt der erste Griff dem Kopf, den man mit einer Hand richtig gut festhalten muss, denn Geierschnäbel sind so scharf, dass sie die Haut von Rindern aufreißen können. Die zweite Hand fasst nach den Flügeln. Dann kommt schnell ein weiterer Kollege, der die Füße mit den scharfen Krallen sichert. Doch als Mortimer in die Nähe von Lothar fliegt, ergreift der ihn in der Luft an den Beinen und klemmt ihn sich ruckzuck unter den Arm. Der Greifvogel knabbert ein wenig an seinem Bart, verhält sich aber sehr ruhig. Nachdem der Tierarzt dem Geier den Chip unter die Haut gesetzt hat, startet Lothar mit seinem VW-Bulli in Richtung Wildpark.

Eineinhalb Stunden später klingelt das Telefon. Ich denke mir schon, dass es eigentlich Lothar sein müsste. Man braucht circa eine Stunde vom Zoo Hannover bis zum Wildpark in der Lüneburger Heide. Nach solch einem Tiertransport melden

Klein, aber oho: Mit dem Schnabel eines Gänsegeiers ist nicht zu spaßen.

sich die Kollegen meistens noch einmal, um zu berichten, ob alles gut gelaufen ist, oder eben auch nicht. Aber Lothar schreit gleich ins Telefon: »Was fällt dir ein, mir so einen Vogel zu verkaufen! So was kann man unter Kollegen nicht machen!« Als er irgendwann mal Luft holt, frage ich, was denn los sei, denn aus meiner Sicht war Mortimer ein gesunder, kräftiger Junggeier. Aber Lothar brüllt: »Der Vogel hat Federlinge!« Federlinge, auch Kieferläuse genannt, sind Parasiten, die sich im Gefieder einnisten können. Also kein großes Missgeschick: Einmal mit ein wenig Puder bestäubt, und die kleinen Plagegeister sind weg. Da wir den Jungvogel vorher noch nie in der Hand gehabt hatten, konnten wir es nicht bemerken. »Wegen der Federlinge machst du so einen Aufstand?«, frage ich. »Na klar«, gibt Lothar schnaubend zurück. »Weißt du eigentlich, wie gefährlich es ist, wenn es so juckt, dass man sich ständig kratzen muss? An konzentriertes Autofahren ist da gar nicht mehr zu denken.« Die kleinen Lebewesen hatten sich nämlich beim Fangen in seinen Bart verirrt. Zu Hause ist er erst einmal unter die Dusche gesprungen und wurde dennoch das Gefühl nicht los, es kribbele immer noch überall. Lange Bärte haben bisweilen eben auch gewisse Nachteile, nicht nur beim Essen.

Gänsegeier (Gyps fulvus)

Körperlänge:	93–110 cm
Gewicht:	6,2–11,3 kg
Verbreitung:	Mitteleuropa, Nordafrika, Südasien
Besonderheit:	Der Vogel lebt auch in den deutschen Alpen und wird ab und zu in ganz Deutschland gesichtet.

Schau mir in die Augen, Kleines: Der treue Blick einer Rothschildgiraffe.

Passt eine Giraffe unter die Brücke am Güterbahnhof?

»4,25 Meter, das passt schon«, sagt der Inspektor, bevor der Transport ins Rollen kommt. Die Überführung von Giraffen gehört in der Zoowelt nach wie vor zu den schwierigsten Tiertransporten. Eine gute Planung ist das A und O. Da stellen sich

Fragen nach der zur Verfügung stehenden Transportart, dem Ziel der Reise und den notwendigen Papieren für einen reibungslosen Ablauf, um nur die wichtigsten Punkte zu nennen.
Wir Pfleger haben die Aufgabe, das Tier erst einmal an die Transportkiste zu gewöhnen. In der Regel wird die Giraffenkiste drei bis vier Wochen vor der Überführung bereits in oder an das Giraffenhaus gestellt. So kann das Tier sich die Kiste schon einmal anschauen. Später wird sie dann so hingestellt, dass die Giraffe hineingehen und wieder herauskommen kann.
Wenn die Kiste aus Sicht des Tieres keine Angst mehr verbreitet und keinen Schrecken mehr darstellt, beginnen die Pfleger damit, dem Tier das Futter im Transportbehälter zu geben. Am Tag der Reise füttert dann ein Kollege das Tier in der Kiste, die anderen machen die Tür hinter der Giraffe zu, und der ihr vertraute Tierpfleger versucht die Giraffe zu beruhigen.
Beim Giraffenbullen Bofote waren es ruhiges Reden und liebevolles Streicheln. Viele Tiere mögen es nicht, gestreichelt zu werden. Doch bei Bofote war es anders. Er genoss es, von seinem Betreuer berührt zu werden. Erst wenn das Tier ruhig ist, hebt ein Kran die Kiste mit der Giraffe auf einen Tieflader. Den Transporter und den dazugehörigen Fahrer mietet der Zoo von einer Spedition.
Vor der Abreise hat unser zuständiger Inspektor die Fahrtroute festgelegt. Da der Transport mit der Giraffe Überhöhe hat, muss besonders auf die Durchfahrthöhe der Brücken geachtet werden. Auf dem Weg vom hannoverschen Zoo zum Güterbahnhof gibt es nur eine Eisenbahnbrücke, deren Warnschild auf die maximal zulässige Höhe von 4,20 Meter hinweist.
Bevor nun der Giraffentransport starten kann, wird das Fahrzeug mit Kiste vermessen: Es sind exakt 4,25 Meter. Der Inspektor, unser Vorgesetzter, meint, die Brücken in Hannover seien immer gut vermessen und in der Regel zehn bis 15 Zentimeter höher als auf dem Schild angegeben. Also setzt sich der

Tross in Bewegung. Vorweg der Speditionslaster, dahinter zwei Autos mit Tierpflegern, die für das fachgerechte Verladen zuständig sind. Langsam fahren wir in Richtung Berliner Allee und von dort über die Hamburger Allee zum Güterbahnhof.

Kurz vor dem Ziel müssen wir nach links abbiegen. Da kommt dann auch die einzige Brückenunterführung. Unter der Brücke wird der Transport noch langsamer. Auf einmal ein Knall, und der Lastwagen steht auf der Stelle. Der Fahrer versucht noch vorsichtig zurückzusetzen, doch die Giraffenkiste verkeilt sich unter der Brücke. Nichts geht mehr. Der Fahrer steigt aus und flucht: »Von wegen 4,25 Meter … das passt schon!«

Als junger, unerfahrener Tierpfleger frage ich mich natürlich, was wir jetzt wohl machen werden. Die Giraffe ausladen? Mitten auf einer vierspurigen Straße? Die Brücke anzuheben geht ja wohl nicht. Etwa ein Stück der Kiste absägen, mit dem Tier drin? Bin ich ahnungslos gewesen! Meine älteren Kollegen amüsieren sich nur und sagen: »Ja, ja, 4,25 Meter … das passt schon.«

Schließlich hört der Lastwagenfahrer auf zu fluchen, lässt die Luft aus den Reifen, rollt unter der Brücke durch und befüllt die Räder wieder mithilfe seines Kompressors. Danach sind die letzten 400 Meter bis zum Güterbahnhof ein Klacks, und wir verladen die Giraffe samt Kiste auf die Bahn.

Giraffe (Giraffa)

Größe:	bis 6 m
Gewicht:	bis zu 1600 kg
Verbreitung:	Ost- und Südafrika
Besonderheit:	Eine Giraffe hat genauso viele Halswirbel wie der Mensch. Ihre blaue Zunge ist bis zu einem halben Meter lang. Giraffen haben einen besonderen Hautschutz, der das Wachstum von Bakterien und Pilzen hemmt und sogar Zecken abschreckt.

Unfreiwilliger Zwischenstopp in Hannover

Ein in sich ruhender Orang-Utan-Mann.

»Die Beförderung des Orang-Utans ist hier zu Ende«, entscheiden die Verantwortlichen der Deutschen Bahn in Hannover. Der »Orang« ist eigentlich auf dem Weg vom damaligen Tierpark in Ost-Berlin in den Kölner Zoo. Der Affe hat seine Transportkiste allerdings derart traktiert, dass die Deutsche Bahn die Überführung nicht mehr fortsetzen will. Wir bekommen also die Information, am hannoverschen Bahnhof stehe ein Orang-Utan in einer kaputten Kiste. Auf Nachfrage erfahren wir noch, dass die Kiste aus dem Tierpark Friedrichsfelde in Ost-Berlin aus der DDR kommt. Normalerweise reist bei jedem Transport von Menschenaffen der betreuende Pfleger mit. Wenn Tiere aus der DDR in den Westen kamen, war dies jedoch nicht der Fall. Der Grund lag in der vermeintlichen Fluchtgefahr – in diesem Fall des Tierpflegers.
Wir Tierpfleger halten guten Kontakt untereinander, auch über Grenzen hinweg. So treffen sich die Pfleger von Menschenaffen alle zwei Jahre zum Erfahrungsaustausch. Zu diesen Treffs kommen Kollegen aus dem gesamten deutschsprachigen Raum. Die Tierpfleger aus der DDR durften damals jedoch nie dabei sein. Um trotzdem Kontakt zu ihnen zu bekommen, bemühten wir uns, den Zoos im Osten immer wieder einen Besuch abzustatten. Beim Tierpark Friedrichsfelde war das mit einem Tages-Touristenvisum relativ einfach. Bei den anderen Zoos war es viel, viel schwieriger.
Aber mit etwas Geschick hatten wir einen trickreichen Weg gefunden. Jedes Jahr gaben wir uns als Besucher der Leipziger Messe aus. So bekamen wir Messekarten und die Genehmigung, mit einem eigenen Auto auf der Transitstrecke unterwegs zu sein. Das sah dann so aus, dass wir auf der Hinfahrt von der Transitstrecke abfuhren (was eigentlich nicht erlaubt war), um den Zoo Magdeburg zu besuchen. Am nächsten Tag sahen wir uns den Leipziger Zoo an, und am Rückreisetag ging es über die Transitstrecke zum Zoo Erfurt. Die Leipziger Messe haben wir

übrigens nie zu Gesicht bekommen. So hielten wir – verbotenerweise – auch guten Kontakt zu den Tierpflegern in der DDR.
Wir kannten somit ebenfalls die Tierarten, die im Osten gehalten wurden, und deren Bestand. Doch von dem Orang-Utan, der in den Zoo Köln sollte, hatten wir keine Ahnung. Ist es ein Jungtier oder ein Erwachsener, bekommt er noch die Flasche oder wie viel Futter braucht er?
Also müssen wir alles vorbereiten und mit allem rechnen. Die Vorgesetzten sagen, in der Quarantäne sei noch ein Gehege frei. Dorthin könnten wir das Tier bringen. Die Quarantänestation in einem Zoo ist ein streng abgegrenzter Bereich, den alle Ankömmlinge durchlaufen müssen, bevor sie in Kontakt mit anderen Zootieren kommen dürfen. Die Tierpfleger haben spezielle Hygienemaßnahmen zu beachten, wenn sie diesen Bereich betreten. So wird verhindert, dass mögliche Krankheiten eingeschleppt und verbreitet werden.
Der Fahrer des Zoos holt also besagte Kiste am Güterbahnhof ab. Darin findet sich ein ausgewachsener Orang-Utan-Mann. Die Kiste ist aus einer Art Sperrholz. Der Affe, der auf den Namen Stefan hört, macht sich in der Kiste breit und schaukelt so, dass wir sogar zu zweit es kaum schaffen, ihn mit der Kiste festzuhalten.
Der Stall in der Quarantäne, den wir für ihn vorbereitet haben, ist viel zu klein. Der hätte für einen erwachsenen Pavian gereicht, aber nicht für einen ausgewachsenen Orang-Utan. Nun haben wir den Salat: Uns fehlt ein geeignetes Gehege für Stefan, wir haben lediglich den kaputten Kasten. Da kommt uns die Idee, ihn samt seiner Transportkiste in eine größere Box zu stellen, die zur Nashornbeförderung gedacht ist. Was aber, wenn der Orang-Utan seine Kiste komplett zerlegt? Dann könnte er aus der Nashornbox herausklettern, weil der Abstand zwischen den Metallstangen so groß ist, dass ein Menschenaffe mühelos dazwischen durchschlüpfen kann.

Und tatsächlich: Stefan geht mit seiner Holzkiste auch in der viel größeren Nashornbox hin- und herspazieren. Die Gefahr, dass sein ursprünglicher Sperrholzkasten dabei auseinanderbrechen würde, ist ziemlich groß. Deshalb verkeilen wir die Transportkiste des Affen mit Strohballen in der Nashornbox. An diesem Abend verlassen wir unseren Arbeitsplatz durchaus mit einiger Skepsis, weil wir wissen: So ganz unbedenklich ist das nicht.
Am nächsten Morgen gehen wir gleich als Erstes zu Stefan. Auf dem Weg dorthin schauen wir uns ganz schön angespannt alle Bäume in der Erwartung an, in den Ästen möglicherweise einen Orang-Utan zu entdecken. Aber zur Erleichterung aller sitzt Stefan ganz gemütlich in seiner Kiste und freut sich über das Frühstück, das wir ihm mitgebracht haben. Wir verladen ihn schleunigst in eine andere, unversehrte und stabilere Kiste und bringen ihn zügig weiter auf den Weg nach Köln.

Orang-Utan (Pongo pygmaeus)

Größe:	1,25 bis 1,50 m
Gewicht:	50–90 kg
Verbreitung:	Sumatra und Borneo
Besonderheit:	Orang-Utans bauen sich jeden Tag ein neues Nest zum Schlafen in den Bäumen.

»Da kann gar nichts passieren«

Kein Sonnenbrand: Das Spitzmaulnashorn hat sich in roter Erde gewälzt.

»Ich muss nur mal eben zwei Nashörner von Südafrika nach Südamerika bringen. Da kann gar nichts passieren. In 17 Tagen bin ich wieder da«, sagt Dieter, der Chef vom Menschenaffenhaus. Früher gehörte der hannoversche Zoo dem Tierhändler Hermann Ruhe aus Alfeld an der Leine. Tiertransporte waren zu jener Zeit an der Tagesordnung. Meine älteren Kollegen holten und brachten damals Tiere in alle Welt. Als der Zoo Anfang 1972 von der Stadt Hannover übernommen wurde, gab es nur noch selten solche Tiertransporte und dann auch nur innerhalb Europas.

Hermann Ruhe hatte Dieter gefragt, ob er diese Reise antreten könne. »Detlef, ich würde gern den Transport machen«, sagt er. »Aber da nur wir beide zurzeit das Revier der Menschenaffen leiten können, heißt das, du müsstest die gesamte Zeit durcharbeiten.« Ohne Ablösung auszukommen, das ist schon hart. Aber es geht ja »nur« um 17 Tage. So antworte ich: »Dieter, mach das! So eine Fahrt wird dir nie wieder angeboten.«

Mir gehen noch seine Worte »Da kann gar nichts passieren« durch den Kopf, da fällt mir wieder ein, dass ich genau das vor Kurzem schon einmal gehört habe. Einige Zeit zuvor musste ein Nashorn verladen werden, und eigentlich hätte dabei auch nichts passieren sollen. Doch Suse, ein afrikanisches Nashorn, hatte mit ihrem Horn nur zwei- oder dreimal zugestoßen und prompt war ihre Transportkiste zu Kleinholz auseinandergebrochen. So spazierte Suse fröhlich und langsam durch unseren Tiergarten.

Solche Transportvorbereitungen erledigten wir stets, bevor der Zoo öffnete, und deshalb waren an diesem Morgen auch noch keine Besucher auf dem Gelände. Wir versuchten, das Nashorn zu locken und sind ihm vorausgegangen, manchmal sogar gelaufen. Suse ist meistens gutmütig hinter uns hergetrottet, nur hin und wieder mussten wir das Tier wieder auf uns aufmerksam machen. Die ganze Zeit kam sie ganz ruhig hinter uns her, bis wir am Ende wieder mit ihr zusammen im Nashornhaus standen. Das war also noch einmal gut ausgegangen. Der Tiertransport allerdings musste wegen der zertrümmerten Transportbox um vier Wochen verschoben werden.

Dieter fliegt also nach Südafrika, übernimmt die beiden Nashörner und fährt mit dem Transportschiff in Richtung Südamerika. Nach 16 Tagen sagt der Inspektor zu mir: »Detlef, das mit Dieter und dem Schiff dauert noch etwas länger. In Südafrika ist die Maul- und Klauenseuche ausgebrochen. Deshalb darf das Schiff jetzt, mit der afrikanischen Fracht, in Südamerika nicht in den Hafen einlaufen. Wie lange das noch dauert, weiß niemand.«

Nach 21 Tagen will ich einmal ausschlafen und bitte den Inspektor, am folgenden Tag erst um 11 Uhr anfangen zu müssen. Das genehmigt er mir auch.

Nach 28 langen Tagen ist Dieter endlich wieder da und erzählt die schönsten Geschichten. Unter anderem, dass sie die Kisten mit den Nashörnern in ein Desinfektionsbad getaucht haben. Sonst wäre er noch lange nicht wieder zurück.

Ich höre mir alles an und weiß nur eins: Wie sehr ich mich auf einen freien Tag freue ...

Spitzmaulnashorn (Diceros bicornis), auch Schwarzes Nashorn genannt

Kopfrumpflänge:	bis 3,50 m
Gewicht:	bis zu 1400 kg
Verbreitung:	Ost- und Südafrika
Besonderheit:	Das Horn besteht aus Fadensträngen mit der gleichen Konsistenz wie Haare. Es wächst ein Leben lang, sitzt nur auf der Haut und hat im Gegensatz zu Horn- oder Geweihträgern keine Knochenverbindung zum Schädel.

Gut beschützt: In dieser südafrikanischen Aufzuchtstation kümmert sich ein Ranger um ein junges Nashorn.

TIERAUSBRÜCHE

Auch einfallsreiche Ausreißer kehren stets wieder zurück

Es gibt unterschiedliche Gründe, warum Tiere aus ihrem Gehege ausbüxen. Beispielsweise in der Hoffnung besseres Futter zu finden. So ist es bei den Blattschneiderameisen. Diese Ameisen sind berüchtigt dafür, aus ihrem Terrarium auszubrechen. Sie bevölkern dann gern ganze Tropenhäuser und zerschneiden die Blätter der wertvollen Grünpflanzen.

Natürlich eröffnet auch einmal ein unkonzentrierter Kollege den Tieren die Chance für einen Ausbruchsversuch, wenn er ein Gehege nicht ordnungsgemäß verriegelt hat. Bisweilen unterschätzen auch Architekten und Zoologen beim Bau von Gehegen die Sprungkraft, aber auch den Einfallsreichtum von Tieren. Dann sind Absperrungen schneller überwunden, als es den Planern lieb ist.

Manchmal sind die Abgrenzungen der Gehege allerdings absichtlich so entworfen worden, dass sie kein ernsthaftes Hindernis darstellen. Zum Beispiel bei den Kängurus, die zwei Meter hoch und bis zu zwölf Meter weit springen können. Wenn die Tiere geschlechtsreif werden, kommt es zu Rivalitäten. Dem unterlegenen Tier könnte es dann durchaus in den Sinn kommen, weiteren Auseinandersetzungen durch einen Sprung über den Graben aus dem Weg zu gehen. Wenn es aber nicht genügend Anlauf nehmen kann, fällt diese Möglichkeit flach.

Im Zoo Hannover ist glücklicherweise noch nie ein Besucher ernsthaft durch einen Tierausbruch zu Schaden gekommen. Eine Gefahr geht von ausgebrochenen Tieren oft nicht aus, weil sie sich in den meisten Fällen eher ängstlich als aggressiv verhalten. Sie laufen dann entweder unablässig im Zoo umher oder

Auf Mission: Blattschneiderameisen transportieren ihre »Beute« quer durchs Tropenhaus.

verstecken sich in irgendeiner abgelegenen Ecke des Zoogeländes. Doch am ehesten versuchen sie, so schnell wie möglich wieder in ihre Gehege zurückzukehren.
Vor vielen Jahren vergaß eine Kollegin einmal, die Tür am Außengelände des alten Affenhauses zu schließen. Als sie am Morgen die Paviane ins Außengelände ließ, entdeckten die Tiere die offene Tür, spazierten kurzerhand nach draußen und machten es sich in den umliegenden Bäumen bequem. Tagsüber bewunderten die Besucher die anscheinend frei lebenden Affen. Zum Feierabend, als die Türen zum Innengehege wie an jedem Abend geöffnet wurde, kamen alle Paviane wie gewohnt von den Bäumen herunter und »nach Hause«.

Rettender Hechtsprung hinter den Misthaufen

Ich stehe zum Ausmisten im Zebrastall. Plötzlich schlendert der Elchbulle Björn über den Tierpflegergang des Afrikareviers, wo der große Hirsch absolut nichts zu suchen hat.

Elche kommen aus dem hohen Norden, und in der afrikanischen Steppe ist er selbst in einem Zoo ziemlich fehl am Platz. Mir wird sehr schnell klar, dass es sich offensichtlich um ein Tierausbruch handelt. Da schießt es mir in Windeseile durch den Kopf: »Wie ging das doch gleich nochmal mit dem ›Alarmplan für Tierausbrüche‹, den wir als Auszubildende schon auswendig gelernt haben?«

»Erstens: Ruhe bewahren.«

Tja, was bleibt einem auch anderes übrig, wenn man im Stall eingesperrt ist?!

»Zweitens: Sich aus der Gefahrenzone begeben.«

Absolut kein Problem: Ich stehe im Zebrastall. Und wo ein Zebra nicht rauskommt, da kommt ein Elch auch nicht rein.

»Drittens: Kollegen informieren.«

Würde ich zwar unheimlich gern, doch das Telefon hängt auf dem Gang neben dem Elch. Handys waren zu jener Zeit noch nicht erfunden.

»Viertens: Besucher in Sicherheit bringen.«

Es ist 10 Uhr morgens, und wir befinden uns hinter den Kulissen am Wirtschaftsweg. Dort halten sich keine Besucher auf.

»Fünftens: Tier weiter beobachten.«

So recht betrachtet, ist ein Elch schon ein imposantes Tier, zumal jetzt, wo er neben mir steht, mit einer Schulterhöhe von zwei Metern und einem Geweih von circa 20 Kilogramm Gewicht.

Die Schaufeln bestehen übrigens aus Knochen, werden jedes Jahr abgeworfen und wachsen jeweils neu nach. Solange sie wachsen, sind sie mit Haut und Haaren bedeckt. Das nennt man

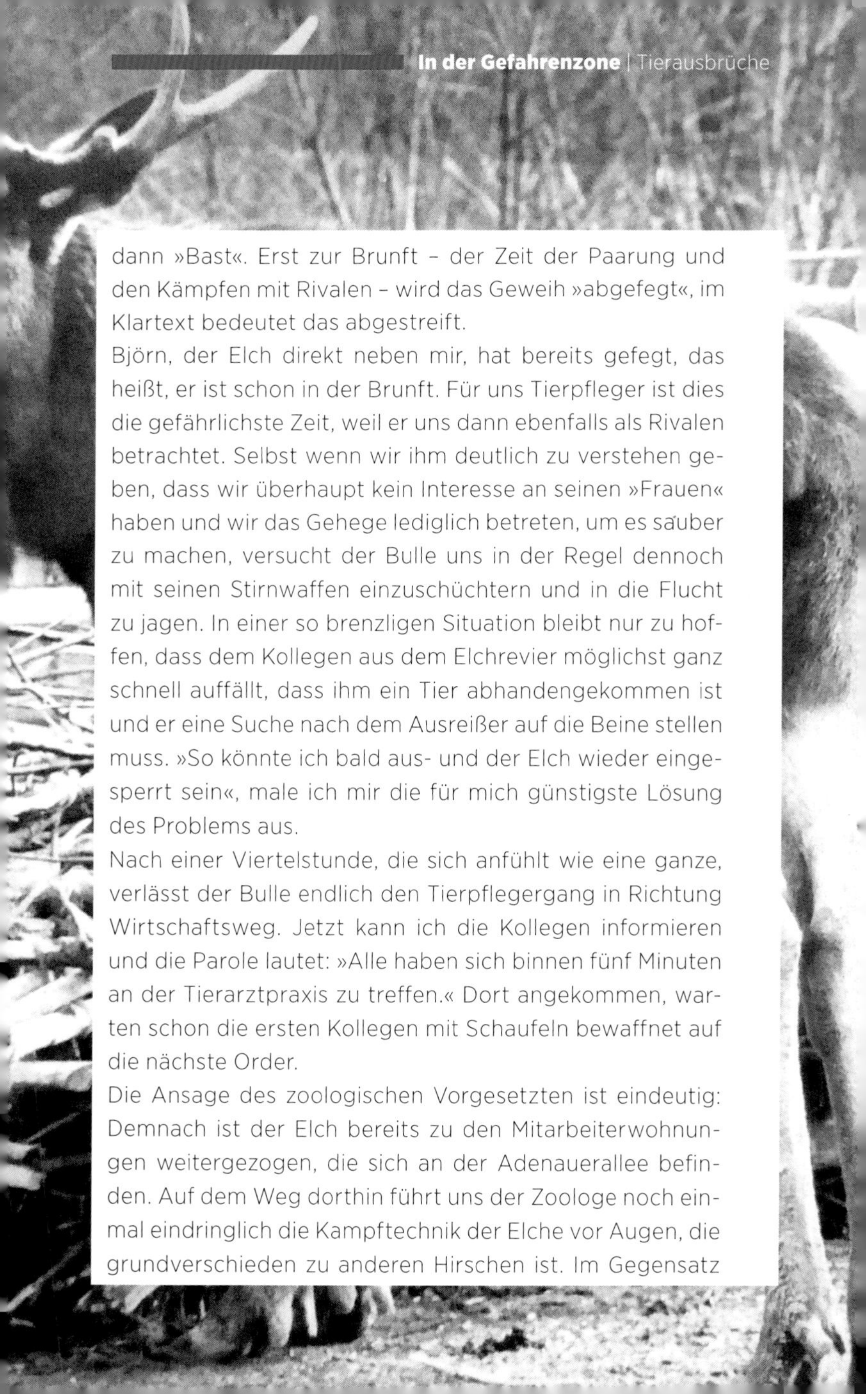

dann »Bast«. Erst zur Brunft – der Zeit der Paarung und den Kämpfen mit Rivalen – wird das Geweih »abgefegt«, im Klartext bedeutet das abgestreift.

Björn, der Elch direkt neben mir, hat bereits gefegt, das heißt, er ist schon in der Brunft. Für uns Tierpfleger ist dies die gefährlichste Zeit, weil er uns dann ebenfalls als Rivalen betrachtet. Selbst wenn wir ihm deutlich zu verstehen geben, dass wir überhaupt kein Interesse an seinen »Frauen« haben und wir das Gehege lediglich betreten, um es sauber zu machen, versucht der Bulle uns in der Regel dennoch mit seinen Stirnwaffen einzuschüchtern und in die Flucht zu jagen. In einer so brenzligen Situation bleibt nur zu hoffen, dass dem Kollegen aus dem Elchrevier möglichst ganz schnell auffällt, dass ihm ein Tier abhandengekommen ist und er eine Suche nach dem Ausreißer auf die Beine stellen muss. »So könnte ich bald aus- und der Elch wieder eingesperrt sein«, male ich mir die für mich günstigste Lösung des Problems aus.

Nach einer Viertelstunde, die sich anfühlt wie eine ganze, verlässt der Bulle endlich den Tierpflegergang in Richtung Wirtschaftsweg. Jetzt kann ich die Kollegen informieren und die Parole lautet: »Alle haben sich binnen fünf Minuten an der Tierarztpraxis zu treffen.« Dort angekommen, warten schon die ersten Kollegen mit Schaufeln bewaffnet auf die nächste Order.

Die Ansage des zoologischen Vorgesetzten ist eindeutig: Demnach ist der Elch bereits zu den Mitarbeiterwohnungen weitergezogen, die sich an der Adenauerallee befinden. Auf dem Weg dorthin führt uns der Zoologe noch einmal eindringlich die Kampftechnik der Elche vor Augen, die grundverschieden zu anderen Hirschen ist. Im Gegensatz

zu diesen Geweihträgern, die mit Anlauf und voller Wucht gegeneinanderstoßen, stellen sich Elche voreinander auf und forkeln dann mit dem Geweih. Das würde für uns Pfleger heißen, der Bulle bleibt vor uns stehen, bedrängt uns mit dem Geweih, und wir müssen nicht weglaufen. Gehört haben wir das, verstanden auch, aber so einer Situation haben wir uns noch nie konkret gegenübergesehen.
Da steht nun Björn, der Elchbulle, und knabbert an einer Hecke, die den Wirtschaftsweg von den Gärten der Mitarbeiter trennt. Waltraud, die Frau des Kollegen, der dort zu jener Zeit mit seiner Familie wohnt, ruft aufgeregt ihre Kinder ins Haus und beobachtet mit ihnen das Treiben vom Balkon aus. Was für ein außergewöhnliches Unterhaltungsprogramm bietet sich ihnen! Immer, wenn uns der Elch zu nahe kommt, geben wir Fersengeld. Plötzlich ist der Moment gekommen, in dem der Elch in vollem Galopp auf unseren Chef, den Zoologen, zurast. Der Vorgesetzte stellt sich breitbeinig mit erhobenen Armen hin, beugt wieder und wieder den Oberkörper vor und sieht ein wenig so aus, als wollte er irgendjemanden anbeten. Der Bulle kommt ihm aber immer näher. Das Verbeugen begleitet jetzt noch ein beschwichtigend-beschwörendes »Ho, ho«. Doch davon wenig beeindruckt, läuft der Elch mit vollem Tempo weiter. Wir hören noch ein »Ho, ho«, dann rettet sich unsere Führungskraft mit einem Hechtsprung hinter den Misthaufen der Rinder, untermalt vom »Ho, ho« der versammelten Tierpfleger. Der Elch hat anscheinend nicht das gleiche Biologiebuch wie unser Zoologe gelesen.
Nun laufen wir hinter dem Elch hinterher, Richtung Streichelwiese. Die Streichelwiese ist zum Glück sonntags geschlossen, und so kann kein Besucher auf die Idee kommen, womöglich einen Elch zu streicheln. Das Spiel auf der ungefähr zwei Hektar großen Wiese sieht fortan so aus, dass wir den Bullen erst auf uns aufmerksam machen, dann weglaufen und er uns folgt. In

vollem Galopp neigt er nicht mehr als etwa zwei Meter vor uns den Kopf, um uns aufs Geweih zu nehmen. Genau in diesem Augenblick ruft ein anderer Kollege den Elch, der Bulle macht tatsächlich eine Vollbremsung und nimmt prompt den anderen Pfleger aufs Korn. So geht es längere Zeit hin und her, ganz wie beim Fang-mich-Spiel kleiner Kinder, nur mit beträchtlich größerem Risiko. Ein Glück, dass wir Kollegen uns aufeinander verlassen können, so wird bei dieser schier endlosen Hatz niemand verletzt.

Erst nach fünfeinhalb Stunden schaffen wir es, den Elch in einem Kamelstall an der Streichelwiese einzusperren. Wie nach jedem Tierausbruch muss der zuständige Pfleger des Tieres auch diesmal eine Runde ausgeben. Dann gibt es wie immer eine Nachbesprechung. Dabei wird beurteilt, was gut gelaufen, aber auch was beim nächsten Mal besser zu machen ist. Für die Kollegen, die nicht dabei gewesen sind, müssen wir immer wieder die Geschichte erzählen, wie der Chef nach dem »Ho, ho« sein Leben mit einem Hechtsprung hinter den Misthaufen gerettet hat. Und mit »Ho, ho« gehen wir am Ende dieser Episode zurück in die Reviere, wo natürlich die gesamte Tagesarbeit liegen geblieben ist.

Elch (Alces alces)

Kopfrumpflänge:	bis zu 3 m, Schulterhöhe: bis zu 2,30 m
Gewicht:	bis zu 800 kg
Verbreitung:	Nordeuropa, Nordasien und Nordamerika
Besonderheit:	Elche tragen als einzige Hirschart Schwimmhäute zwischen den Zehen. Die Klauen gehen auf weichem Untergrund besonders weit auseinander, dabei spannt sich die Schwimmhaut und vermindert das Einsinken im Schnee oder morastigen Boden.

Wie beeindruckt man einen Gorilla?

Auge in Auge
mit einem Silberrücken
im damaligen Zaire.

Es ist ein ganz normaler Vatertag. Das heißt für einen Zoo wie in Hannover, es ist einer der besucherstärksten Tage des Jahres. Wir haben Dienst, denn Tiere brauchen einen an jedem Tag im Jahr, ob es am Neujahrsmorgen, an Heiligabend oder eben am Vatertag ist. Mein Kollege Klaus und ich sitzen gerade gemütlich in unserem Tierpflegerraum im Keller des Urwaldhauses, um unsere Kaffeepause zu genießen.
Plötzlich klopft es, nein, es hämmert gegen die Tür. Davor steht eine Zoo-Abonnentin. Abonnenten sind Besucher mit einer Jahreskarte, die oft den Zoo besuchen und uns Tierpfleger gut kennen. »Toni, ... Toni ist draußen!«, stößt sie hervor. Ich stürme zum Gorillagehege und sehe sofort, dass Toni tatsächlich nicht mehr auf der Anlage ist. Die Frau zeigt auf die Gärtnerebene oberhalb des Geheges. Da bemerke ich, wie sich dort Zweige bewegen. Hier und da ist im dichten Grün ein schwarzer Arm oder die Schulter des Gorillamannes zu sehen.
Klaus lässt den Affen nicht mehr aus den Augen. Mir muss es jetzt ohne großes Aufheben darum gehen, dass sich keine Besucher mehr in der Gefahrenzone aufhalten. Urwaldhaus ist genau der passende Name für dieses Gebäude. Denn die tropische Temperatur, das feuchte Klima und die üppige Vegetation, die nicht nur von unten nach oben, sondern auch von oben – der sogenannten Gärtnerebene – nach unten wächst, gibt dem Besucher wirklich das Gefühl, im Urwald zu stehen.
Den Gästen ist es natürlich nicht entgangen, dass sich ein Gorilla auf besagter Gärtnerebene aufhält. Während ich also versuche, die Besucher aus dem Haus zu bitten, fragen sie mir regelrecht Löcher in den Bauch: »Darf der da oben herumlaufen?« »Macht der Affe das öfter?« »Ist das nicht gefährlich?« Oder sie weigern sich, meiner Bitte zu folgen: »Ich möchte jetzt hier nicht rausgehen«, bekomme ich nicht nur einmal zu hören. Bestimmt, aber immer noch freundlich, gelingt es mir dennoch, alle Besucher allmählich in Sicherheit zu bringen.

Nun stehen wir allein auf der Besucherebene im abgeschlossenen Urwaldhaus. Toni, der immer noch auf der Gärtnerebene sitzt, zeigt sich nur ab und zu. Was tun, ist jetzt die Frage. Die Gärtnerebene ist eine Sackgasse, ungefähr 30 Meter lang und gerade so breit, dass ein Gärtner mit einer Schubkarre darauf entlanggehen kann. Nach fünf Metern kommt jeweils eine Kurve, sodass sich der Gang nicht komplett einsehen lässt. Als mir diese Details durch den Kopf schießen, macht sich der Gorilla nun sehr deutlich bemerkbar und bricht Pflanzen ab, ein unmissverständliches Imponiergehabe. Er beobachtet uns von dort oben ganz genau.
Unsere Idee: Wenn wir uns zu ihm auf die Gärtnerebene wagen wollen, müssen wir den Gorilla noch übertreffen. Toni ist zehn Jahre alt, also ein noch junger heranwachsender Gorillamann. Von der Größe her ist er zwar schon ausgewachsen, wiegt aber »nur« knapp 100 Kilogramm und hat auch noch keinen Silberrücken. Den bekommen Gorillas erst im Alter von 15 Jahren. Dann sind sie aber doppelt so schwer.
Das hatten Klaus und ich auf unserer Reise durch Zaire, die heutige Demokratische Republik Kongo, in freier Wildbahn erlebt. So eine Begegnung mit Silberrücken ist aber nur unter der Führung besonders geschulter Begleiter, den Guides, möglich. Bevor wir loszogen, bekam jeder Teilnehmer eine ausführliche Einweisung, wie man sich zu verhalten hat. »Der Besuch ist auf eigene Gefahr!« Das war das Erste, was uns der Guide bewusst machte. Die mitgeführten Waffen würden nicht bei Zwischenfällen mit den wilden Tieren verwendet, sondern kämen nur zum Schutz gegen Wilderer zum Einsatz, erläuterte er uns. Seine Verhaltensregeln für den ›Ernstfall‹ eines Zusammentreffens waren handfest und unzweideutig: »Bei der Begegnung mit Gorillas setzt man sich auf den Boden und verhält sich ruhig, macht keine hektischen Bewegungen, starrt die Tiere nicht an und geht nicht auf sie zu. Sollte ein Gorillamann trommelnd auf

zwei Beinen auf euch zulaufen, legt euch auf den Bauch und verschränkt die Hände im Nacken. So beißt er euch ›nur‹ in die Finger und nicht in die Halswirbelsäule.«

Was uns damals eingeschärft wurde, die Biologie dieser Menschenaffen, genau das geht uns gerade jetzt in dieser heiklen Situation noch einmal in allen Einzelheiten durch den Kopf: Wie imponieren Gorillamänner? Sie stellen sich auf die Hinterbeine, laufen auf den Angreifer zu und trommeln sich auf die Brust. »Wie können wir ihm als Menschen mehr imponieren als er uns?«, fragen wir uns. Da kommt uns eine zündende Idee.

Kurzentschlossen wagen wir uns auf die Gärtnerebene, stellen uns nebeneinander auf, reichen uns die Hände und planen, Hand in Hand über den schmalen Gang zu rennen und dabei aus vollem Hals zu schreien. Hinter jeder Biegung müssen wir damit rechnen, dass der Gorillamann vor uns steht. Falls das passiert, können wir nur unbeirrt weiterlaufen und auf keinen Fall stehen bleiben oder womöglich wegrennen. Das ist uns klar, denn sich auf den Boden zu legen und den Nacken zu schützen, ist in diesem Fall keine clevere Option. Passivität unsererseits würde den Affen nicht zurück ins Gehege bringen.

Und auf geht's! Kurve folgt auf Kurve und nach der vierten Abzweigung steht Toni tatsächlich vor uns ... Als der Gorillamann zwei schreiende, Händchen haltende Tierpfleger auf sich zustürmen sieht, überkommt ihn eine so große Angst, dass er schnurstracks zurück in das für ihn sichere Gehege springt. So etwas wie wir ist Toni zuvor buchstäblich noch nie über den Weg gelaufen.

Geschafft! Mein Kollege und ich setzen uns auf der Stelle auf den Boden und staunen, wie unsere Knie schlackern. »Mann, haben wir Angst gehabt!« Da kommt einem auf den ersten Blick schon die Frage in den Sinn, ob ein Tierpfleger eigentlich ein wenig verrückt sein muss? Doch auf den zweiten Blick und mit etwas Abstand empfinden wir unsere Vorgehensweise gar nicht mehr als unvernünftig. Wichtig ist nur, sich in der Biologie der Tiere auszukennen und dieses Wissen dann im richtigen Augenblick einzusetzen. Manchmal hilft es natürlich auch, ein wenig schräg zu sein, um einer so heiklen Situation Herr zu werden, die einem normalerweise als aussichtslos erscheinen müsste.

Gorilla (Gorilla)

Größe:	stehend bis 1,75 m
Gewicht:	bis zu 200 kg
Verbreitung:	Mittleres Afrika
Besonderheit:	Gorillas haben wie wir Menschen einen unverwechselbaren Fingerabdruck und halten täglich Mittagschlaf.

Gorillamann Toni hat uns einen ganz schönen Schrecken eingejagt.

Ramirez macht den Abflug

Das Telefon klingelt, und eine weibliche Stimme fragt kurz: »Fehlt euch ein Vogel?« Und tatsächlich, wir haben wirklich nicht mehr alle Vögel beisammen, was wir allerdings bereits seit ein paar Tagen wissen. Wer fehlt, ist Ramirez, ein Aguja. Diese Greifvögel tragen ein leicht bläuliches Gefieder und werden daher auch Blaubussard genannt. Sie ähneln einem Bussard aber nur zum Teil. Biologisch sind Agujas zwischen Bussard und Adler anzusiedeln. Ihr eigentliches Verbreitungsgebiet befindet sich in Südamerika, wo sie in den Anden leben.

In den Tiershows lassen wir Ramirez täglich frei über den Köpfen unserer Besucher fliegen. Er war unser Botschafter der Greifvögel. In den Shows, die eigentlich »Biologieunterricht für große und kleine Besucher« heißen müssten, konnten wir viel über Tiere wie ihn erzählen. Wir haben auch immer auf unsere heimischen Greifvögel hingewiesen und es den Besuchern ans Herz gelegt, sich die Zeit zu nehmen, sie im Flug zu beobachten. Wie schön es aussieht, wenn so ein großer Vogel durch die Luft gleitet!

Ramirez jedenfalls soll gerade wieder auf den Falknerhandschuh meiner Kollegin fliegen, damit sie ihn zurück in die Voliere bringt. Doch was macht der Aguja stattdessen? Er startet durch, die Besucher staunen, wie schön so ein Greif gleiten kann, und flugs ist er raus aus der Show. Noch eine Ehrenrunde über unserer Arena, und Ramirez entschwindet hinter der grünen Kuppel der Stadthalle.

Fünf Tage hatten wir danach nichts mehr von unserem Blaubussard gehört, bis der besagte Anruf kam.

»Ja, wo ist er denn?«, frage ich zurück. »Er sitzt bei der Reiterstaffel der Polizei auf der Reithalle und jagt unsere Tauben«, erklärt mir die Anruferin, eine gelernte Pferdewirtin, wie sich bald herausstellen sollte. 20 Minuten später stehe ich auf dem Polizeigelände am Welfenplatz und versuche, den Greifvogel mit Fleisch auf den Handschuh zu locken. Ramirez schaut zwar zu mir herab, zeigt aber kein großes Interesse. Auf einmal fliegt der Aguja los und jagt einer Stadttaube hinterher, die er auch prompt in seine Fänge bekommt. Genüsslich rupft Ramirez die Federn und verspeist den Vogel vor meinen Augen. »Das ist die fünfte Taube, die er frisst«, sagt die Pferdepflegerin.

Wie oft hatte ich während der Tiervorführungen erklärt, dass ich auch nicht wüsste, warum die Vögel zu uns zurückkehren, wenn sie im Freiflug sind. Denn draußen hätten sie ja alles, was sie zum Leben brauchten, und jagen könnten auch noch alle. Ich hatte ja gerade mit eigenen Augen gesehen, was für ein geschickter Jäger Ramirez ist.

Am nächsten Tag ruft die Frau erneut an und teilt mit, dass der Aguja spurlos verschwunden sei. »Drei Tauben sind übrig geblieben. Hoffentlich ist wenigstens noch ein Pärchen dabei«, meint sie noch.

Eine neuerliche Sichtung gibt es erst drei Wochen später. Jetzt ist der Aguja am Spielplatz eines Kindergartens in der Nähe von Peine bemerkt worden. Von den Kindern würde er sich nicht stören lassen, sagt man uns am Telefon. Ich fahre sofort los. Als er mich am Spielplatz entdeckt, fliegt er gleich in meine Richtung. Den Arm mit dem Handschuh kann ich gar nicht so schnell in die richtige Stellung bekommen. Deshalb landet der Aguja erst auf dem Boden neben mir und wartet, bis ich den Arm gehoben habe. Bei der Rückfahrt über die Autobahn steht Ramirez auf dem Falknerhandschuh neben mir auf dem Beifahrersitz. Hier fühlt sich der Greifvogel schon wie zu Hause.

Nach drei Wochen Quarantäne machte der Aguja wie gewohnt wieder in der Freiflugshow mit. Sein »Urlaub« wurde allerdings zur Gewohnheit: Jedes Jahr nahm sich Ramirez eine Auszeit von zwei bis vier Wochen. Wir wussten nie, wo er war, doch wenn er keine Lust mehr auf Ferien vom Zooleben hatte, hielt er sich stets in der Nähe von Menschenansammlungen auf. Als wollte er damit Aufmerksamkeit erregen und fragen, ob denn nicht jemand den Zoo benachrichtigen könne. Dann kam er immer sofort auf den Arm, wenn er einen von uns Tierpflegern entdeckte. Vielleicht kehren solche Vögel gern wieder zurück, weil das Leben im Zoo einfacher ist. Doch das ist eine Mutmaßung. Jedenfalls war Ramirez ein gemütlicher Greifvogel, der das behagliche Leben im Zoo anscheinend genoss.

Aguja (Geranoaetus melanoleucus)

Größe:	60–75 cm
Gewicht:	bis 1,7 kg (Männchen), bis 2,3 kg (Weibchen)
Verbreitung:	Südamerika, vor allem in den Anden
Besonderheit:	Die Nahrung der Agujas besteht aus Meerschweinchen, Chinchillas, Echsen, Schlangen und Vögeln. Ein Blaubussard fliegt in einer Höhe von bis zu 10 000 Metern.

Der Sturm macht es möglich: Ein Wolf auf Entdeckungstour im Stadtwald.

Das Märchen vom Hund ohne Leine

Heute besteht mein Job darin, morsche Äste aufzuheben. Der Sturm, der in der vergangenen Nacht begann, hat sich immer noch nicht gelegt. Während ich das Holz aufsammle, behalte ich also auch die Baumwipfel über mir im Auge. Unser Zoo hat einen alten Baumbestand. Deshalb knicken bei starken Böen immer wieder mal größere Zweige ab, die nicht selten in die Gehege fallen. Meine Aufgabe ist es, das Kamelgehege vom Astbruch zu befreien.

Auf einmal höre ich ein lautes Krachen, als wenn ein Baum umstürzt. Kurz darauf kommt der für die Wölfe zuständige Tierpfleger aufgeregt angelaufen. »Lass alles stehen und liegen, ein großer Baum ist auf den Zaun des Geheges gefallen«, ruft Gerd. »Bis auf einen konnte ich alle Wölfe im Haus einsperren. Aber ein Jungwolf ist abgehauen und in der Eilenriede in Richtung Steuerndieb verschwunden. Lass uns schnell noch ein paar Kollegen zusammentrommeln.«
Wir informieren in Windeseile weitere Helfer und machen uns gemeinsam im nahe gelegenen Stadtwald auf die Suche. Das ist schon unheimlich bei diesem Sturm, der immer heftiger wird, unter so vielen hohen Bäumen. Überall knackt es, und unser Blick geht immer wieder bange nach oben, um nicht von herabstürzenden Ästen überrascht zu werden.
Was wir auf jeden Fall vermeiden wollen: Panik bei Passanten in der Eilenriede auslösen. Denn trotz des Sturmes hat es einige Sorglose doch tatsächlich in den Wald getrieben. Beispielsweise Radfahrer, die auf dem Weg zur Arbeit oder in die Schule sind, Jogger und Spaziergänger mit ihren Hunden. Einen älteren Herrn, der mit seinem Collie unterwegs ist, fragen wir, ob er einen Schäferhund ohne Leine gesehen hat. »Nein, mir ist keiner begegnet«, versichert der Rentner. »Ist es nicht zu gefährlich, bei diesem Wetter hier spazieren zu gehen?«, fragen wir ihn noch. »Der Hund muss bei jedem Wetter raus. Es gibt kein schlechtes Wetter, sondern nur schlechte Kleidung«, bekommen wir zur Antwort.
Aber wenigstens ein Schutzhelm vom Bau wäre jetzt durchaus sinnvoll, denken wir uns und suchen weiter. Kurz darauf begegnet uns noch eine Dame mit einem West Highland Terrier. Auch ihr stellen wir die Frage nach dem Hund ohne Leine. Doch sie schaut uns misstrauisch an, mustert uns von unten bis oben, wobei ihr Blick auf unserer Brust haften bleibt, auf der das Zoo-Logo prangt. Ein kurzes, empörtes Schnauben,

dann schnappt sie sich ihren kleinen Hund, klemmt sich leicht besorgt den Westie unter den Arm und geht zügig in Richtung Parkplatz davon. Unser Auftritt ist bei ihr offensichtlich nicht sehr glaubwürdig angekommen.
Endlich, nach einer halben Stunde, entdecken wir den verängstigten Wolf. Er liegt zusammengekauert in einem Gebüsch am Trimm-dich-Pfad. Obwohl er schon die gleiche Schulterhöhe wie seine Eltern hat, handelt es sich doch um einen Jungwolf. Er ist bei uns im Zoo zur Welt gekommen und ist viel zierlicher und leichter als seine ausgewachsenen Artgenossen. Gerd, mein erfahrener Kollege, zieht kurzerhand seinen Gürtel aus der Hose und legt ihn dem total verschüchterten Tier um den Hals. So geht er nun mit dem Wolf an der improvisierten Leine zurück.
»Da haben Sie ja Ihren Hund wieder«, ruft uns der Mann mit dem Collie zu, den wir auf dem Heimweg wiedersehen. Und tatsächlich: Es sieht so aus, als würde Gerd wie alle anderen Hundehalter nur mit seinem Liebling Gassi gehen. Einziger Unterschied: Mit der anderen Hand muss Gerd seine Hose festhalten, damit sie ihm nicht herunterrutscht.

Wolf (Canis lupus)

Kopfrumpflänge:	1–1,60 m
Gewicht:	28–40 kg
Verbreitung:	Europa, Asien, Nordamerika und Japan
Besonderheit:	Das Heulen der Wölfe können Artgenossen noch bis zu einer Distanz von 16 Kilometern wahrnehmen. Innerartliche Kämpfe gehören zu den häufigsten natürlichen Todesursachen bei Wölfen.

Große Klappe: Eisbär Nanuq in der Kanada-Landschaft Yukon Bay.

»Ihr dürft hier nicht raus!«

Am Nebeneingang des Zoos, zwischen Stadthalle und Haupteingang gelegen, steht ein ziemlich betrunkener Mann. Er guckt durch den Gitterzaun und bemerkt weiße Gestalten, die durch den Zoo huschen. Die Uhr am nahe gelegenen Kirchturm schlägt gerade Mitternacht. Das müssen bestimmt Geister sein, denkt er sich. Aber wer tief ins Glas geschaut hat, dem können Erscheinungen keine Angst einjagen. »Ey, kommt mal hierher«, sagt er lallend zu den vermeintlichen Spukgestalten, und die Gespenster kommen tatsächlich heran.

Je näher sie sind, umso deutlicher zeichnen sich die Umrisse von weißen Bären ab. Nun trennt ihn nur noch der Zaun von den Eisbären. Aber den Betrunkenen vermögen weder scheinbare Phantome noch wilde Tiere zu ängstigen. Also setzt er sich unmittelbar vor die Gitterstäbe und beginnt ein Gespräch mit den Polarbären, die allem Anschein nach auf der anderen Seite des Zauns zuhören. Kurze Zeit später beginnt eines der Tiere, mit dem Drehkreuz am Ausgang zu spielen. Augenblicklich springt der Mann auf und stammelt: »Ihr dürft hier nicht raus. Der Zoo ist geschlossen und macht erst morgen früh wieder auf.«

Doch jetzt schenken alle drei weißen Gestalten dem Drehkreuz Beachtung, das in Bewegung geraten ist und vor sich hin quietscht. Es sind die Polarbären, die ihre Tatzen zur Hilfe nehmen und das Drehkreuz immer wieder aufs Neue in Bewegung setzen, um den Geräuschen zu lauschen.

Das bringt den Betrunkenen endgültig aus der Fassung. Verzweifelt versucht er, Hilfe zu holen. Da kommt auf der anderen Straßenseite, jenseits der Schienen der Straßenbahn, ein Mann angeradelt. Diesen Passanten versucht unser »Nothelfer« torkelnd anzuhalten und stottert vor Aufregung: »Eisbären ... wollen raus ... aus dem Zoo ... dürfen das aber nicht ... Zoo ist doch zu ... macht morgen erst auf.« Der Radfahrer bemerkt seine Alkoholfahne und entgegnet: »Mann, bist du voll, schlaf erst mal deinen Rausch aus.«

»Ja, ich bin voll, aber deshalb dürfen die Eisbären trotzdem nicht raus aus dem Zoo«, reißt sich unser »Bärenbändiger« für einen hellwachen Moment zusammen. Doch der Unbekannte radelt unbeeindruckt in Richtung Lister Turm davon. Dem Betrunkenen bleibt nichts anderes übrig, als unverrichteter Dinge zum Zaun zurückzukehren.

Dort wieder angelangt, beginnen die Bären erneut, mit dem Drehkreuz zu spielen. Der Verzweiflung nahe, zermartert sich

Spektakulärer Sprung ins kühle Nass: Eisbär Nanuq auf dem Weg ins Hafenbecken.

der Betrunkene den Kopf: Wie lässt sich das wohl unterbinden, was er als Ausbruchsversuch der Polarbären deutet. Aber er findet partout keine Lösung.

Plötzlich hält in der Nähe auf dem Parkplatz ein Auto. Schon aus der Ferne brüllt der Mann in seinem Rausch: »Die Eisbären ... wollen raus ... aus dem Zoo ... dürfen das aber nicht ... Zoo ist geschlossen ... macht morgen wieder auf.« »Was ist hier los?«, fragt eine Männerstimme. »Ich bin Tierpfleger und wohne hier auf dem Zoogelände direkt am Nebenausgang. Wo sind die Bären denn?« Der Betrunkene zeigt auf das Drehkreuz, und schon wieder ist das seltsame Quietschen zu vernehmen. Sofort befiehlt ihm der Tierpfleger: »Sie bleiben jetzt hier und bewegen sich nicht von der Stelle.« Dann rennt er los und klingelt die anderen auf dem Zoogelände wohnenden Mitarbeiter aus dem Bett.

Mit Schaufeln bewaffnet, treiben sie die drei fast ausgewachsenen Eisbären zurück ins Bärenhaus. Dort stellen sie fest, dass die Verriegelung gebrochen und an der zweiten Sicherheitstür das Drahtglas zertrümmert ist. Zum Glück findet sich als Ersatz noch ein anderes freies Gehege, in dem die Tiere sicher eingesperrt die Nacht verbringen können.

Danach suchen die Tierpfleger den mutigen Hüter des Drehkreuzes. Doch der ist weit und breit nicht mehr aufzuspüren. Vielleicht sitzt er längst wieder in einer Kneipe und erzählt die Geschichte von Geistern, die sich als Bären entpuppen und den Zoo nicht verlassen dürfen, denn der Zoo ist ja eigentlich geschlossen und öffnet erst am nächsten Morgen wieder.

Die Gäste des Lokals müssen wohl angenommen haben, dass der Betrunkene ihnen nichts als einen Bären aufbindet, obwohl diese Geschichte voll und ganz der Wahrheit entspricht.

Nach dem Baden ist bei Sprinter Trockenschütteln angesagt.

Eisbär (Ursus maritimus), auch Polarbär genannt

Kopfrumpflänge:	1,60–2,50 m, Schulterhöhe: bis 1,60 m
Gewicht:	150–500 kg
Verbreitung:	Nördliche Polarregion
Besonderheit:	Eisbären haben einen 7 bis 13 Zentimeter langen Stummelschwanz. Die Haare sind hohl, zur besseren Isolation vor Kälte. Ihre Fußsohlen sind dicht behaart, was das Ausrutschen auf dem Eis verhindert.

Bei den Tierärzten ist Amtshilfe gefragt

»Ständig klingelt das Telefon, wenn wir arbeiten.« Fritz, der Affenpfleger, stellt das mit einem tiefen Seufzer fest. Umständlich krabbelt der Mann aus dem Käfig. Im alten Affenhaus gab es seinerzeit keine separaten Türen für die Tierpfleger, um die Gehege zu betreten. Deswegen mussten sich die Mitarbeiter wie die Affen durch die engen Schieber nach drinnen wie nach draußen zwängen.

Nach wenigen Augenblicken ist Fritz aber bereits wieder zur Stelle: »Detlef, lass alles stehen und liegen, unsere Amtshilfe ist gefragt.« »Was um alles in der Welt ist passiert?«, frage ich verdutzt zurück. Seine Antwort bringt mich allerdings schnell auf Trab: »In der Tierärztlichen Hochschule ist ein Affe vorzeitig aus der Narkose aufgewacht und läuft frei im Operationssaal herum!« Wir schnappen uns schnell zwei Fangnetze, die wie überdimensionierte Schmetterlingsnetze aussehen, und auf geht's.

In Windeseile fahren wir mit dem Auto vom Zoo zur »TiHo« am Braunschweiger Platz. Dort werden wir schon von etlichen Menschen mit weißen Kitteln erwartet. »Schön, dass sie es so schnell geschafft haben. Den Affen können wir nicht betäuben, ohne die Tür zu öffnen«, erläutert ein älterer Tierarzt.

»Nun, dann treten Sie bitte mal alle einen Schritt zur Seite«, ordnet Fritz beherzt an. »Detlef, nimm dir das Fangnetz und bleib dicht hinter mir«, weist er mich kurz ein. Dann öffnet Fritz die Tür, geht zwei Schritte hinein, bleibt so abrupt stehen, dass ich unversehens gegen seine Schulter stoße. »Raus!«, brüllt

Tief entspannt:
Drill-Chef Sumbo
erholt sich.

er. »Bloß raus hier!« Und schon stehen wir wieder vor der Tür. »Das ist ja ein ausgewachsener Drillmann«, moniert Fritz an die Adresse des ›Oberkittels‹ der versammelten Tierärzteschaft gerichtet.
»Ja, wäre es ein kleiner Affe, hätten wir das auch allein geschafft«, kontert der Angesprochene. »Komm, Detlef, wir gehen«, erwidert mein Kollege ziemlich resolut.
»Sie können uns doch jetzt nicht allein lassen«, versucht der Tierarzt beschwörend auf uns einzureden. »Doch, denn ein erwachsener Drillmann lässt sich mit so einem Schmetterlingsnetz nicht einfangen«, entgegnet Fritz. Aber der Tiermediziner lässt nicht locker, bekniet uns mithilfe seiner Kollegen weiter und tatsächlich gelingt es ihnen, uns zu einem zweiten Versuch zu überreden. »Also gut«, gibt Fritz sich geschlagen. »Zuerst benötigen wir ihre gesamten weißen Kittel und so viele weiße Handtücher oder Laken wie möglich.« Als die Doktoren nur ungläubig schauen, erklärt Fritz noch kurz: »Die ganzen Sachen packen wir zu einem großen Haufen zusammen und gucken mal, ob es für unsere Zwecke reicht.« Seine letzte Anweisung gilt mir: »Und du, Detlef, krabbelst dicht hinter mir. Wenn ich wegspringe, bewegst du den Wäscheberg nur hin und her.«
Gesagt, getan: Wir verstecken uns hinter dem weißen Leinenhaufen und schieben ihn durch die Tür, die uns ein Student für einen kurzen Moment öffnet. Nun sehe auch ich den Drill und den Operationssaal, dessen Einrichtung vollständig demoliert worden ist. Der Affe sitzt auf einem kleinen Metalltisch und beobachtet misstrauisch die weiße »Wanderdüne«, die sich von der Tür langsam auf ihn zu bewegt. So irritiert, springt der Drillmann in eine Ecke, und wir schieben den Wäscheberg weiter zu ihm hin, bis er sich in die Enge getrieben fühlt und uns angreift. In dem Moment, als er in die Wäsche beißt, springt Fritz auf, während ich den Haufen immer noch hin- und herschiebe. Das bringt den Affen derart in Rage, dass er gar nicht

bemerkt, wie mein Kollege sich ihm von hinten nähert und die Arme mit Polizeigriff auf den Rücken dreht. Aus dieser Position vermag sich der Drill nicht mehr zu befreien, und wir schieben ihn schleunigst in die Transportbox.

Klappe zu – Affe lebt! Wir atmen erst einmal durch, bevor wir zurück auf den Gang gehen, wo die Mitarbeiter gewartet haben. Jede Menge glückliche Gesichter und begeistertes Schulterklopfen sind unser Lohn. Nur wir fühlen uns gar nicht in der Lage, ein glückliches Gesicht aufzusetzen. Schließlich erwarten uns im Zoo wieder der enge Schieber und die schmutzigen Gehege im Affenhaus.

Dieses Erlebnis bestätigt wieder, wie wichtig es ist, die Biologie und Angriffsstrategie der Tiere zu kennen. Ein Drill attackiert stets vom Boden aus. So auch diesmal. Und nichts anderes haben Fritz und ich uns zunutze gemacht.

Drill (Mandrillus leucophaeus)

Kopfrumpflänge:	bis 70 cm
Gewicht:	bis 20 kg
Verbreitung:	Mittleres Afrika
Besonderheit:	Drills sind tagaktive Regenwaldbewohner und leben am Boden. Nur Weibchen mit Jungtieren suchen manchmal Schutz in den unteren Ästen der Bäume.

TIERTRAINING

»Angehende Tierärztin« kontrolliert den Herzschlag des Gelbbrustaras.

Im Zoo ist jeder Tierpfleger immer auch ein Tiertrainer

Ein Tierpfleger ist im Zoo immer auch ein Tiertrainer. Jeder von uns trainiert seine Schützlinge. Was ich damit meine? Auf einer Hundewiese sind die lustigsten Dinge zu beobachten, wenn die Besitzer versuchen, ihre Vierbeiner zurückzurufen. Beim Kollegen der »Afrikasteppe« sieht das ganz anders und sehr organisiert aus: Zunächst wird der Giraffenbulle gerufen, und nur er allein kommt. Alle anderen Tiere warten geduldig, bis sie an der Reihe sind. Danach kommen die Zebras und dann die Antilopen. Bloß die Strauße sind nicht so intelligent. Sie finden manchmal die Tür nicht.

Unsere Tiere trainieren wir aber nicht nur zu ihrer Beschäftigung, sondern auch damit sie Abwechslung haben, ob nun in einer Tiershow oder bei einer Fütterung. Hinter den Kulissen sollen sie sich ebenfalls nicht langweilen, und deshalb ist bei allen Übungseinheiten vor allem der Kopf gefordert. Ein weiterer wichtiger Punkt ist die Vorbereitung auf eine Behandlung durch den Tierarzt. Wie nimmt man einem Tiger Blut ab, ohne ihn vorher zu betäuben? Indem der Pfleger mit dem Raubtier eine bestimmte Kopfhaltung am Gitter einübt. So erst bekommt der Tierarzt die Chance, den Schwanz des Tigers behutsam durch die Gitterstäbe zu ziehen und aus der Vene Blut zu entnehmen.

Im hannoverschen Zoo gab es einmal einen an Diabetes erkrankten Pavian. Die Tierpfleger brachten dem Affenmann in kurzer Zeit bei, auf Kommando zu pinkeln. So waren sie in der Lage, seinen Urin schnell untersuchen und die richtige Insulindosis berechnen zu können, die sie dem Tier spritzen mussten. Als Nächstes lernte der Pavian, sich so ans Gitter zu setzen, dass es ungefährlich war, ihm eine Spritze zu geben. Dank dieses erfolgreichen Tiertrainings und der perfekten Zusammenarbeit mit seinen Pflegern erlangte der imposante Pavian über die Grenzen des Zoos hinaus einige Berühmtheit und konnte mit seinen 18 Nachkommen einen wichtigen Beitrag zur Erhaltung der am meisten bedrohten Affenart der Welt leisten.

Manchmal ist es anders, als man denkt

Kakadu Sven erweist sich als gelehriger Schüler.

»Der schreit einfach zu viel!« Mit diesem Argument begründen die Besitzer eines Gelbhaubenkakadus, warum sie das Tier unbedingt loswerden und beim Zoo abgeben wollen. Papageien wie Aras und Kakadus werden schnell zu Schreihälsen, wenn man sich nicht genügend mit ihnen befasst und sie nicht ausreichend beschäftigt. In solchen für sie nicht befriedigenden Lebenssituationen können solche Vögel sogar zum Rupfer werden. Dann beginnen sie (nicht nur die Kakadus) damit, sich Daunen auszubeißen und Federn auszureißen und fügen sich manchmal sogar Bisswunden zu. Auslöser für dieses extreme Verhalten sind oft Langeweile und Einzelhaltung, die dem Vogel nicht bekommen.
Sven, der besagte Kakadu, sah vom Gefieder her eigentlich noch sehr gut aus. Allerdings hatte er zu Hause in der Wohnung so häufig geschrien und Furore gemacht, dass es offenbar zu Ärger mit den Nachbarn gekommen war.
Nun stehen also die Besitzer, augenscheinlich mit ihrem Latein am Ende, mit Vogel und Käfig vor uns. Doch wir können ihn auch nicht aufnehmen, weil wir keine Kakadus in Obhut haben. Was tun? Ein Rundruf bei anderen Tiergärten ergibt, dass nur ein Vogelpark Interesse hat. Das scheint der rettende Anker für die ratlosen Besitzer zu sein. Also nehmen wir den Vogel erst einmal doch an, zumal es einige Zeit dauern wird, bis die Kollegen des Vogelparks ihn bei uns abholen wollen.
Für solche Situationen gibt es feste Hygieneregeln: Wenn in einem Zoo ein neues Tier einzieht, muss es zunächst in die Quarantänestation. Dem Ankömmling ist es schließlich nicht anzusehen, ob er von Bakterien oder auch Viren befallen ist. Die vorübergehende Isolierung dauert ungefähr sechs Wochen. In dieser Zeit gibt es tierärztliche Untersuchungen und selbstverständlich überhaupt keinen Kontakt zu anderen Tieren. Eine ansteckende Krankheit soll sich im Zoo ja nicht weiter ausbreiten können.

Damit Sven sich nicht langweilt, müssen wir uns für den Kakadu erst einmal ein spezielles Beschäftigungsprogramm einfallen lassen. Dazu gehört auch ein Tiertraining. Etwas einzuüben ist für das Tier immer auch mit Kopfarbeit verbunden. Eine Besonderheit bei diesen Vögeln ist Folgendes: Kakadus besitzen eine Haube, die sie aufstellen, wenn sie erregt oder aufmerksam sind, wenn sie sich erschrecken, imponieren wollen oder beim Balzen. Mit Sven wollen wir nun einüben, dass er die Haube auf Kommando aufstellt. Im zoologisch geführten Zoo will grundsätzlich niemand den Tieren irgendwelche Dressurtricks beibringen. Wir wollen lediglich das herausarbeiten, was die Tiere schon von Natur aus können und mitbringen.

Ein einleuchtendes Beispiel aus dem Alltag: Wenn Hundehalter behaupten, ihrem Hund in nur zwei Tagen das »Sitz« beigebracht zu haben, dann kann man das rundweg als Anmaßung bezeichnen. Ein Hund vermag das schon als Welpe, wenn er noch bei der Mutter ist, denn sonst käme er gar nicht an die obere Zitzenleiste. Um an die untere Milchleiste zu gelangen, liegt der Welpe. Wir Menschen würden »Platz« dazu sagen.

Eine ähnliche Situation ist es, wenn wir in der Flugschau Vögel fliegen lassen. Das haben wir den Vögeln nicht beigebracht. Es ist keine große Kunst, einen Vogel fliegen zu lassen. Das kann jeder: Tür auf und Vogel weg. Das Besondere ist doch, dass der Vogel auf Zuruf oder ein Handzeichen zurückkehrt.

Wie beginnen Tierpfleger eigentlich damit, einen ihnen noch unbekannten Vogel zu trainieren? Als Erstes müssen wir erst einmal viel über die Biologie eines bestimmten Vogels lernen und entsprechende Bücher lesen. Dabei profitieren wir auch vom Wissen der Kollegen aus anderen Zoos, am besten, wenn wir sie kurzerhand um Rat fragen.

Als Zweites beobachten wir das Verhalten des jeweiligen Tieres im Gehege. Welche Vorlieben hat es beim Spielen? Welche beim Gehen und Laufen? Und welche beim Fliegen?

Als Drittes ist es enorm wichtig, das Lieblingsfutter seines Schützlings herauszufinden. Dabei hilft einem ein kleiner Trick: Der Tierpfleger stellt einfach eine vollständige Palette des Futters zusammen, das ein Kakadu so zu sich nimmt – von Körnern über Erdnüsse bis hin zu Obst und Gemüse. Und dann schaut man genau hin. Svens Vorliebe sind Weintrauben und Käse, am liebsten Gouda. Diese Häppchen nimmt er immer als Erstes von der Palette. Unser Testmahl hat natürlich eine Konsequenz: Seine Leibspeise gibt es ab sofort ausschließlich von uns Pflegern.

Bei dieser Vorgehensweise lassen wir die Tiere nicht hungern. Ein Kakadu wie Sven soll nur lernen, dass wir Menschen seine Freunde sind, weil wir immer das Lieblingsfutter in der Tasche haben und natürlich auch an ihn verfüttern. Erst, wenn Sven das versteht, soll dieses Tier für seine Belohnung auch etwas tun, eine Leistung erbringen.

Dann stellen wir uns vor unserem Schützling auf und zeigen die Leibspeise, geben sie ihm aber noch nicht. Daraufhin sucht beispielsweise ein Vogel nach Wegen, um an die Belohnung heranzukommen und bietet uns unterschiedliche Verhaltensweisen an: Er schüttelt sein Gefieder, krault sich am Hals, dreht seinen Kopf, hebt einen Fuß oder stellt eben die Haube auf. Und das ist dann ein Volltreffer! Nun sage ich schnell »Brav« zur Belobigung, und der Kakadu bekommt sein Leckerli. Das muss nicht unbedingt immer etwas zu fressen sein. Bei zahmen Haustieren reichen auch eine Streicheleinheit oder das Lieblingsspielzeug als Anerkennung aus. Wichtig für das Tier ist nur, dass es sich um eine Besonderheit handelt, sozusagen ein Jackpot für eine vorangegangene Superleistung.

Der Kakadu lernt sehr schnell, dass es die Belohnung lediglich für das Aufstellen der Haube gibt. Ergänzend soll er sich dazu nur noch ein Handzeichen einprägen. Für Sven haben wir uns folgendes Signal ausgedacht: Wir zeigen ihm erst die Faust, öffnen sie dann und spreizen die Finger. Das also soll er als Zeichen für »Haube aufstellen« verstehen lernen. Nach einer Weile beherrscht er die Nummer aus dem Effeff. Anfangs trainiert immer nur ein Pfleger den Vogel, bis alles flüssig läuft. Dann probieren es auch die anderen Kollegen auf die gleiche einstudierte Weise.

Bei Sven bin ich es, der ihn zu Beginn trainiert. Erst als alles klappt, kommt meine Kollegin dazu. Ich öffne die Faust und spreize die Finger, der Kakadu öffnet prompt die Haube. Es gibt ein »Brav« und ein Stückchen Gouda. Nun kommt meine Kollegin Angela an die Reihe. Sie öffnet ebenfalls die Faust, spreizt die Finger, und – es passiert nichts. Das kann doch nicht mit rechten Dingen zugehen. Wir probieren es gleich noch einmal, und es geschieht wieder nichts. Sobald ich das Gleiche mache, klappt es sofort mit dem Aufstellen der Haube. Doch wenn es Angela wieder versucht, funktioniert es nicht mehr. Keine Ahnung, wir wissen absolut nicht, warum es so ist. Bei Angela ist es doch der gleiche Bewegungsablauf wie bei mir.

Auf die Lösung kommt sie erst einige Tage später. »Detlef, ich zeig' dir mal was«, sagt Angela und grinst dabei schon vielsagend. Wir gehen zu Sven, Angela macht eine Faust, öffnet sie, und die Haube geht prompt auf. Sie sagt »Brav«, und es gibt Gouda. Dann führt sie es mir noch einmal vor. Diesmal lässt sie jedoch die Faust geballt und die Haube geht dennoch auf, und wieder gibt es ein »Brav« und den Lieblingskäse.

Ich muss zugeben, ich bin total verblüfft und frage sie nur ungläubig: »Er stellt die Haube doch nicht ohne ein Zeichen auf? Das gibt es doch nicht!« Angela hingegen versichert, »Doch, doch, es gibt ein Zeichen.« »Wie bitte?«, frage ich entgeistert zurück. »Ich habe dich genau beobachtet«, antwortet meine Kollegin. »Immer wenn du die Faust öffnest, ziehst du auch die Augenbrauen hoch. Der Kakadu achtet nicht auf deine Hand, sondern schaut dir ins Gesicht«, erklärt sie. »Wie wir glauben

Unser Käseliebhaber Sven.

zu trainieren, ist nicht immer das, was die Tiere tatsächlich aufnehmen.«
Angela demonstriert es ein weiteres Mal, und abermals klappt es sofort. Dafür bekommt sie nun von mir ein Stück Gouda – zur Belohnung.

Gelbhaubenkakadu (Cacatua galerita)

Körperlänge:	50 cm
Gewicht:	720–1020 g
Verbreitung:	Australien und die umliegenden Inseln
Besonderheit:	Außerhalb der Fortpflanzungszeit leben die Kakadus in Schwärmen von bis zu 100 Vögeln. Eine Einzelhaltung ist in Deutschland nur in Ausnahmefällen erlaubt.

Wahre Sprachkünstler: Dieses Beopärchen aus Privathaltung redet noch miteinander.

Begabter Stimmenimitator verblüfft den Zoo-Direktor

»Walter ist nicht da!«, ruft jemand vom Gang des Vogelhauses. Der damalige Zoo-Chef, Professor Lothar Dittrich, dreht sich um und geht wieder. Auf dem Innenhof des Vogelrevieres kommt Walter dem Zoo-Direktor hinterhergerannt, um ihn aufzuhalten. »Sie sind ja doch da«, sagt der Professor, leicht überrascht. »Ja, ja, natürlich, das war nur unser Beo Franz«, antwortet Walter ganz außer Atem, dem das Ganze sichtlich peinlich ist.

Walter war zu jener Zeit nicht nur Revierleiter des Vogelhauses, sondern auch Vorsitzender des Zoo-Betriebsrats. Aus diesem Grund kamen täglich Mitarbeiter, um etwas mit ihm zu besprechen. Wenn er dann mal frei hatte, riefen wir Kollegen immer: »Walter ist nicht da.« Im Laufe der Zeit lernte das auch unser Beo und wiederholte es immer dann, wenn die Tür ins Schloss fiel. Diese Geschichte konnte und wollte der Zoo-Direktor erst überhaupt nicht glauben. Also gingen Walter und er zur Tür zurück, ließen sie ins Schloss fallen, und der Beo rief erneut »Walter ist nicht da!« Das wiederholten sie noch dreimal, und jedes Mal rief der Beo denselben Satz.

Im Tiertraining nennt man so ein Phänomen »Trainieren mit akustischen Signalen«. Zum Beispiel benutzen Delphintrainer oft eine Pfeife. Die Meeressäuger lernen zuerst, den Pfiff mit einer Belohnung wie einem Fisch gleichzusetzen, und hören dann den Pfiff, wenn sie zum Beispiel aus dem Wasser springen. Das Timing mit dem akustischen Signal muss sehr präzise sein. Würde der Trainer mit dem Fisch als Belohnung erst zum Delphin schwimmen, hätte dieser in der Zwischenzeit schon mit dem Kopf genickt und könnte die Belohnung nicht mehr mit dem Sprung in Verbindung bringen und beides miteinander verknüpfen. Die Pfeife oder ein Klicker können das gewünschte Verhalten hingegen sofort bestätigen.

Warum der Beo allerdings beim Klacken des Türschlosses »Walter ist nicht da« rief, konnten wir uns nicht erklären. Eine

Achtung: Dieser Beo plaudert Familiengeheimnisse aus!

Belohnung, außer dem bestätigenden Lachen von uns Tierpflegern, hatte er dafür jedenfalls nie bekommen.

Die sprachbegabten Beos, die übrigens aus Asien stammen, ahmen als Balzverhalten Geräusche der Natur nach, um ihre Partner zu beeindrucken. Aber auch die Stimmen ihrer Feinde wie Raubvögel kopieren sie, um gezielt Futterkonkurrenten aus der gleichen Sippe zu verjagen, weil diese dann meinen, einen Raubvogel zu hören.

Früher lebten Beos häufig in Privathaushalten. Sie wurden nie gezüchtet, und so sind die Tiere in menschlicher Obhut fast ausgestorben. Doch in Zoos kann man sie noch hin und wieder beobachten.

Damals bekamen wir im Zoo Hannover häufiger Beos aus Privathaltung. Diese konnten ihren Schnabel oft nicht halten. So kam es vor, dass einer der Vögel sogar zweistimmig plauderte: einmal mit Frauenstimme und gleich danach mit männlicher

Stimme. Da haben wir so einiges vernommen, was bei den Voreigentümern zu Hause los gewesen sein muss. Und das war nicht immer lustig und angenehm anzuhören. Unsere Beos im Zoo lernten die Stimmen anderer Vögeln nachzumachen, aber auch, sich mit den Gästen zu beschäftigen. Das machte auch den Besuchern Freude.

So zählte ein Beo gern lautstark: »Eins ...«, kleine Pause, »zwei ...«, kleine Pause, weiter konnte er anscheinend nicht zählen. Aber in Wirklichkeit wartete der Vogel nur, bis Besucher vor dem Gehege auftauchten und begann dann wieder seinerseits: »Eins ...«, kleine Pause, »zwei ...«, kleine Pause, solange, bis ein Besucher sich einen Ruck gab und »drei« rief. Nach einer gewissen Zeit startete der Vogel einen neuen Versuch und fing wieder von vorn an: »Eins ...«, kleine Pause ... und so weiter. Das Spiel konnte minutenlang so weitergehen.

Der Beo und die Besucher hatten viel Spaß daran, und beide waren auf unterhaltsame Weise miteinander beschäftigt. Und ganz ehrlich: Der Vogel vermochte tatsächlich auch bis drei zu zählen, aber er tat es partout nicht, wenn er mitbekam, dass ihm jemand zuhörte.

Ein zweiter Vogel beschäftigte die Besucher auf eine ganz andere Art. Wenn er bemerkte, dass Frauen an seinem Gehege vorbeiliefen, pfiff er ihnen nach Männermanier hinterher. Die Besucherinnen gingen dann meistens wieder zurück zur Voliere, der Beo flog dicht ans Gitter und sagte ganz leise: »Du bist verrückt, mein Kind.« Hand aufs Herz: Dieses Verhalten hatte der Vogel natürlich nicht von uns Tierpflegern gelernt ...

Beo (Gracula religiosa), auch Mynah genannt

Körperlänge:	24–35 cm
Gewicht:	180–300 g
Verbreitung:	Südostasien
Besonderheit:	Beos baden leidenschaftlich gern.

Spontane Bärendressur hinter den Kulissen

»Das ist ein Zirkusbär. Der ist früher in der Manege aufgetreten.« Das behauptet Arthur, der Raubtierpfleger, steif und fest. »Auf keinen Fall, die sind alle als junge Bären in den Zoo gekommen«, widerspreche ich ihm nicht weniger resolut. »Ich sehe es jedem Bär an, ob er einmal im Zirkus gelebt hat«, erwidert Arthur, fast ein wenig pikiert.

Als ich meine Ausbildung Anfang der siebziger Jahre begann, gab es nur drei gelernte Tierpfleger im Zoo. Damals waren 38 Mitarbeiter für die Pflege der Tiere zuständig, die meisten von ihnen ehemalige Zirkusleute. Einige kamen auch aus der Landwirtschaft. Arthur hatte jahrelang als Raubtierdompteur im Zirkus gearbeitet und war mit seiner Nummer mit Tigern und Bären durch ganz Europa gereist.

Doch in diesem Fall liegt er mit seiner Meinung wirklich falsch, denn unsere Bären waren als Jungtiere in den Zoo Hannover gekommen und wurden dann zusammen eingewöhnt. Das gab es seinerzeit nirgendwo anders, dass Eisbären, Braunbären, Baribals und Kragenbären zusammen in einem Gehege leben. So etwas Einzigartiges ist nur möglich, wenn artverwandte Tiere von klein auf zusammen heranwachsen.

Dennoch baut Arthur sich vor dem Kragenbärmann Urs auf und beharrt auf seiner Meinung. »Der ist dressiert.« »Ganz bestimmt nicht«, entgegne ich. »Okay, dann zeige ich's dir«, bekräftigt der Raubtierpfleger, ohne sich verunsichern zu lassen.

Gemeinsam stehen wir im Bärengang vor dem Gehege. Der Gang ist als Schleuse angelegt, um die Besucher zu schützen, falls mal ein Raubtier ausbricht. In diesem abgeschlossenen Bereich halten wir uns also auf. Arthur nimmt zwei Stöcke in

Dressiert oder nicht:
Kragenbärmann unterwegs
auf zwei Beinen.

die Hand, sodass sie sich vor ihm kreuzen. Er schließt die Tür zum Käfig auf und tickt mit dem Kreuz auf die Nasenspitze des Kragenbären. Dieser stellt sich auf die Hinterbeine und versucht, die Äste mit den Tatzen zu berühren. Nun geht Arthur langsam rückwärts und der Bär vorwärts. Immer noch das Kreuz auf der Nase, nach dem Holz greifend. Dann wechselt der Pfleger die Richtung und geht vorwärts, der Bär nun rückwärts. »Der kommt doch vom Zirkus, wie schön der auf zwei Beinen laufen kann«, beteuert Arthur.
Nun fordert er mich auf, schnell eine Kiste zu holen und sie in die Laufrichtung des rückwärtsgehenden Bären zu stellen. Das mache ich auch, der Bär spürt die Kiste in den Kniekehlen und setzt sich prompt hin. Der Raubtierpfleger steht mit seinen Stöckchen vor ihm, das Kreuz immer noch auf der Nase des Tieres, das vor ihm auf der Kiste sitzt. »Detlef, geh doch mal in die Küche, da stehen noch Honig und eine Buddel. Fülle sie mit Wasser und Honig und bring sie mir dann.« Als ich ihm die Flasche rüberreiche, fasst er sie nur unten am Fuß und drückt sie gegen die Lippen des Bären. Der wittert das Honigwasser, greift mit beiden Tatzen zu und trinkt. Kurz bevor die Flasche leer ist, nimmt Arthur sie ihm weg und setzt das Kreuz erneut auf die Bärennase. Jetzt dirigiert er Urs wieder zurück ins Gehege, schließt die Tür zu und sagt mit Freude im Gesicht: »Ist wohl doch ein Zirkusbär!«
Arthur wusste ganz genau, dass es wirklich kein Bär aus dem Zirkus sein konnte. Dass die Kunststückchen alle geklappt hatten, war nur seiner jahrelangen Erfahrung mit Raubtieren zu verdanken.

Doch kein Zirkusbär: Urs entspannt im Grünen.

Kragenbär (Ursus thibetanus), auch Tibetbär genannt

Kopfrumpflänge:	1,20–1,80 m
Gewicht:	65–90 kg (Weibchen), 100–150 kg (Männchen)
Verbreitung:	Süd- und Ostasien
Besonderheit:	Der Kragenbär ist ein ausgezeichneter Schwimmer. In der traditionellen chinesischen Medizin (TCM) wird der Gallenflüssigkeit des Kragenbären seit 3000 Jahren eine heilsame Wirkung nachgesagt. Heute gibt es Alternativen zur Bärengalle, die dieselbe Wirkung haben, und den Tieren grausame Prozeduren ersparen.

Zwei Elstern machen uns fast zu Löffelmillionären

Diebische Elster? Ist da etwas dran, oder handelt es sich um ein Vorurteil? Diese Frage hat sich uns einmal ganz konkret gestellt. Im Frühjahr bekommen wir häufig Jungvögel aus der freien Wildbahn. Das spielt sich dann meist folgendermaßen ab: Spaziergänger finden unbeholfene und scheinbar hilflose Jungvögel auf einem Ast oder auf dem Boden und wollen sie dann guten Gewissens in Obhut wissen. Sie heben die Tierkinder einfach auf, nehmen sie mit und bringen sie in eine Aufzuchtstation, ohne zu wissen, dass sie damit einen gravierenden Fehler begehen.

Denn die sogenannten Ästlinge sind Vögel, die bereits so alt sind, dass sie das Nest zwar zu Fuß verlassen, aber noch nicht fliegen können. Sie werden von den Eltern weiterhin gefüttert. Für uns Menschen sehen sie recht hilflos aus und erscheinen uns wie Waisen. Für die Kleinen ist es hingegen eine sehr wichtige Zeit in ihrem jungen Leben, in der sie ihr unmittelbares Umfeld kennenlernen. Vom Ast aus beobachten und lernen sie damit alles, was später zum Überleben notwendig ist. In dieser Situation werden sie dann von beflissenen Menschen entdeckt, die den Kleinen zu Hilfe kommen und sie »retten« wollen.

Auf diese Weise kommen auch die beiden Elstern Bonnie und Clyde zu uns in den Zoo. Zur gleichen Zeit pflegen wir bereits einen kleinen Kolkraben mit dem Namen Wotan. Dieses Trio ziehen wir also von nun an zusammen auf. Wir zeigen den Vögeln alles, was sie später benötigen, wecken bei ihnen aber auch das Interesse für blinkende Münzen, mit denen wir spielen. Mal drehen wir das Geldstück, mal lassen wir es fallen, mal spielen wir damit eine Art Tauziehen. Die Vögel halten das Hartgeld

Noch ohne Beute: Bonnie macht ihrem Namen als diebische Elster alle Ehre.

im Schnabel, während wir die Geldstücke hin- und herziehen. Irgendwann sind sie regelrecht süchtig nach dem Spiel mit dem blinkenden Metall.

Als alle flügge sind, schwirren sie zuerst in der Nähe des Vogelhauses umher, dann werden ihre Flugkreise immer größer. In der Nähe des Vogelreviers befindet sich ein Biergarten. Dorthin fliegen unsere Schützlinge nun häufig, und wir malen uns im Scherz aus, dass sie bald Münzen anschleppen und wir reiche Tierpfleger werden. Aber nichts passiert! Unsere Jungvögel kehren von ihren Ausflügen nie mit Geld zurück. Stattdessen bringen die Elstern häufig silberfarbene Kaffeelöffel mit, sodass wir fast Löffelmillionäre wären, wenn wir das Besteck nicht immer gleich wieder in die Gaststätte zurückbringen würden.

Dann kommt der große Tag des Kolkraben. In einer Situation, in der er unbeaufsichtigt ist, schnappt sich Wotan den Revierschlüssel. Wir rufen ihm noch hinterher und versuchen ihn zu locken, doch er fliegt hoch hinauf in eine Eiche. Schnell holen wir sein Lieblingsfutter: Mett mit Mehlwürmern. Prompt lässt er den Schlüssel in den Baum fallen und fliegt schnurstracks zu uns herab. Wotan frisst die Mehlwürmer mit dem Hackfleisch, aber lässt sich danach nicht mehr dazu bewegen, wieder in den Baum zu fliegen, um den Schlüssel zu holen.
Letztendlich müssen wir sogar die Feuerwehr rufen, die mit einem Leiterwagen anrückt. Einer der Männer klettert in die Eiche und holt uns den Schlüssel herunter. Der Feuerwehrmann konnte es sich überhaupt nicht erklären, wie der Schlüssel in den Baum gekommen sein mochte. Die wahre Geschichte, die wir ihm selbstverständlich erzählten, konnte er einfach nicht glauben.

Elster (Pica pica)

Körperlänge:	51 cm
Gewicht:	etwa 233 g
Verbreitung:	Europa, Asien, Nordamerika
Besonderheit:	Als diebische Elster war sie auch im Mittelalter als Hexentier und Galgenvogel unbeliebt. Elstern ernähren sich im Frühjahr und Sommer überwiegend von tierischer, im Herbst und Winter von pflanzlicher Nahrung.

Mein Kollege geht mit seinem neuen Rüsseltrick baden

Wasser marsch! Elefantenbaby Felix genießt das kühle Nass.

Da stehen Christoph und ich nun im Dschungelpalast. Uns überragt Manari, deren Rüssel in einem Zehn-Liter-Eimer steckt und die das Wasser blubbern lässt. Neben Manari hat sich Dieter, der Elefantentrainer, in Position gestellt. Dieter will uns beiden einen neuen Trick zeigen und vorführen, was er mit Manari eingeübt hat.
Heute ist nun so ein Tag. Die asiatische Elefantenkuh saugt den Eimer leer, und das Wasser befindet sich nun in ihrem Rüssel. Auf Dieters Kommando »Blow« spritzt Manari das Wasser exakt in die Richtung, in die der Tierpfleger zeigt.
Wie gesagt: Wir Zootrainer bringen den Tieren nichts bei, was sie nicht schon von Natur aus können. Elefanten benutzen ihren Rüssel auch in der Natur zum Duschen. Bei uns kommt es eben nur darauf an, dass sie ihr natürliches Verhalten auf Kommando vorführen.
Eben befüllt die heranwachsende Elefantenkuh ihren Rüssel ein zweites Mal und sprüht auch diesmal das Wasser genau dorthin, wo Dieter hindeutet. Danach erklärt er uns fachmännisch: »Zum Schluss müsst ihr euch immer vergewissern und kontrollieren, ob der Rüssel auch wirklich leer ist.« Folgerichtig, nach seiner Erläuterung, schaut er nun noch mal in den Rüssel, und in diesem Augenblick atmet Manari aus ... Es macht platsch, weil der Rüssel natürlich nicht leer gewesen ist, und Dieters Kopf und Gesicht sind völlig durchnässt. Aus seinen Haaren rinnt das Wasser.
Dieter schaut uns ziemlich entgeistert an. Seine Gesichtszüge zeigen eine Mischung aus Bestürzung, Schock und einem gequälten Lächeln. Bevor er überhaupt etwas sagen kann, versichert Christoph ihm allen Ernstes, dass wirklich niemandem zum Lachen zumute sei. Mit versteinerten Mienen gehen wir auch schnurstracks zur Tür. Doch kaum ist sie hinter uns zugefallen, liegen wir buchstäblich auf dem Boden und biegen uns vor Lachen. Derweil hat sich Dieter sein Gesicht abgetrocknet

und trainiert weiter völlig unbeeindruckt mit der Elefantenkuh. Manari, die im Zoo Hannover zur Welt kam, ist mittlerweile mehrfache Mutter. Sie ist häufig am Wasserbecken zu sehen, wo sie das wohltuende Duschen nicht lassen kann. Dabei braust sie auch immer gezielt ihre Elefantenkälber ab. Dieter hat auch nach der unfreiwilligen Kopfwäsche weiterhin gern geduscht, aber stets nach dem Dienst und ganz ohne Manaris Hilfe.

Asiatischer Elefant (Elephas maximus)

Größe:	2–3,20 m
Gewicht:	2000–5500 kg
Verbreitung:	Südasien
Besonderheit:	Der Asiatische Elefant ist durch die Zerstörung und die Zersiedlung des Lebensraums stark bedroht. Der Rüssel hat mehrere Funktionen. In erster Linie ist er ein Riechorgan, aber auch Greifhand, Saug- und Druckpumpe, Werkzeug, Transportmittel, Waffe und Schnorchel. Er dient sozialen Kontakten ebenso wie der Kommunikation. Um diese Leistungen zu erbringen, hat der Rüssel circa 40 000 Muskeln.

TIERE UND

PROMIS

Tierischer Kontakt mit VIPs

»Ich taufe dich auf den Namen Helmut.« Das sind Angela Merkels Worte, an den Brillenpinguin gewandt, den ich gerade auf dem Arm halte. Diese Aktion mit der späteren Bundeskanzlerin hatte sich die Marketingabteilung der niedersächsischen CDU für ihren damaligen Landeschef Christian Wulff ausgedacht, weil Pinguine bei den meisten Menschen ein positives Image haben. Für die CDU und den Zoo ist so etwas immer ein medienwirksames Ereignis. Ob ihr die Pinguintaufe auf den Namen ihres Vorgängers allerdings zusätzliche Stimmen bei der nächsten Wahl einbrachte, ist nicht belegt. Viele Menschen lassen sich gern mit Tieren fotografieren, ob daheim mit den eigenen Haustieren oder im Zoo vor einem Gehege. Wie sagte mir einmal ein befreundeter Journalist? »Tiere, Kinder und

Füttert frische Fische: Regionspräsident Hauke Jagau mit Seelöwin Lizzy.

der Papst gehen immer.« Aha, so ist das also mit den Medien und der Anteilnahme ihrer Leser und Zuschauer.

Die Promis, die ich kennenlernen durfte, nur weil ich ein Tier auf dem Arm hatte, waren alles Menschen wie du und ich. Das Bedürfnis, Tiere anzufassen und zu streicheln, ist bei allen ausgesprochen groß. So setzt sich die Schauspielerin Ingrid Steeger eines Tages zu mir auf die Decke, um ihrer Lust auf Streicheln freien Lauf zu lassen. Gemeint ist natürlich nur die kleine Schimpansin ... Die Medien sind bei diesem Anlass nicht dabei, so ist Ingrid Steeger spontan und erweist sich als ungemein tierlieb. Ich gebe es ja zu: Banja, unser Schimpansenmädchen, ist wirklich sehr niedlich.

Ein weiteres schönes Erlebnis hatte ich, als eine berühmte Moderatorin die von ihr herausgebrachte Antifaltencreme unserer 70-jährigen Riesenschildkröte anbot. Doch wir lehnten dankend ab – nicht nur mit Blick auf die geringen Erfolgsaussichten ...

Prominente Patin: Angela Merkel übernimmt die Patenschaft für Brillenpinguin Helmut, neben ihr Christian Wulff.

Auf geht's: Dieter und Sayang machen sich gemeinsam auf den Weg.

Missglückter »Antrittsbesuch« beim Kanzler

Das Telefon klingelt, und ich gehe ran. Die Stimme unseres Geschäftsführers Klaus-Michael Machens verkündet: »Der Kanzler ist da!« Diesen Anruf erhalte nicht nur ich. Die Tierpfleger aller Reviere im Zoo werden unterrichtet und gebeten, sich mit ihren zahmen Tieren in Richtung Bauernhof-Gastronomie aufzumachen. Dort sollen wir dann ganz zufällig auf den frisch gekürten Bundeskanzler Gerhard Schröder treffen, der an jenem Platz – wie bereits zu seinen Zeiten als niedersächsischer Ministerpräsident – gerade die Tageszeitung liest und eine Tasse Kaffee trinkt.

In den einzelnen Revieren haben wir häufiger Tiere, die zutraulich sind. Mit denen nähern wir uns auch Besuchern. In den meisten Fällen entsteht dann mit ihnen eine Unterhaltung, in der wir etwas über die Biologie der Tiere erzählen. Oft schaffen wir es sogar, die Besucher für unsere Tiere zu begeistern.

Also lasse ich an diesem besonderen Kanzlertag den Lannerfalken Karim auf meinen Arm fliegen, der täglich in der Tiershow mitwirkte und über den Köpfen der Besucher fliegen durfte. Zum Training der Greifvögel gehört auch immer das sogenannte Abtragen: Dann steht der Vogel auf der Hand, auf einem ledernen Falknerhandschuh, und wir gehen gemeinsam spazieren. Übrigens ist es nicht richtig, wenn gesagt wird, Vögel sitzen auf dem Ast. Nein, Vögel stehen auf den Ästen oder im Baum.

Das Abtragen gehört zum Tiertraining, um dem Vogel all das zu zeigen, was es in der Natur seiner Umgebung gibt und um Vertrauen aufzubauen. Dabei trägt er keine Falkenhaube. Er verhält sich dennoch ruhig. Das Aufsetzen einer Haube gaukelt dem Vogel vor, es sei Nacht. Und weil Lannerfalken nachts kaum etwas sehen, bleiben sie regungslos, um ihrerseits nicht von nächtlichen Beutegreifern erkannt zu werden.

Nun, unterwegs zum neuen Kanzler, begegne ich den Elefantenpflegern mit Sayang, der jungen asiatischen Elefantenkuh. Und am Bauernhof angekommen, treffen wir unseren »Bauern« mit Heidi, der afrikanischen Zwergziege. Außerdem gesellen sich dort ebenfalls noch die Kollegen aus dem Tropenhaus mit der Königspython Eva dazu. So trifft der »gänzlich zufällige« Begrüßungstross am Zoo-Restaurant beim Bundeskanzler ein.

Die Bodyguards, die zwei Tische weiter sitzen, werden schon leicht nervös. Da baut sich Schröder mit einem Mal direkt vor uns auf, schüttelt den Kopf und fragt: »Sagt mal, was soll der Blödsinn? Ich habe seit Jahren für den Zoo eine Jahreskarte. Und letzte Woche war ich noch Ministerpräsident. Nur weil ich jetzt Bundeskanzler bin, so ein Aufwand«, liest uns Schröder die Leviten. »Besser, ihr bringt eure Tiere zurück in die Gehege

und kommt wieder. Ich gebe dann ein Bier aus.« Damit endet die kurze Gardinenpredigt des frisch gebackenen Kanzlers.
Nun, so etwas nennt man wohl einen glatten Reinfall: Wir drehen auf der Stelle um, verschwinden in Windeseile und wagen es nicht, uns das versprochene Bier abzuholen.
Zwei Wochen später wandert mein Kollege Dieter wieder einmal im normalen Alltagstrott mit seinem Elefanten durch den Zoo. Plötzlich erkennt er in etwa 20 Metern Entfernung Gerhard Schröder. Dieter bremst sofort seinen Elefanten, reißt die Arme hoch und ruft: »Es ist wirklich reiner Zufall, ich gehe hier öfter lang! Niemand hat uns geschickt, wir haben nicht gewusst, dass Sie heute hier sind.« Der Kanzler setzt seinen Spaziergang zum Bauernhof fort, schlägt die Zeitung auf, trinkt wie immer seinen Kaffee und lächelt milde.

Lannerfalken (Falco biarmicus)

Körperlänge:	40–50 cm
Gewicht:	500–1000 g
Verbreitung:	Südeuropa, Afrika
Besonderheit:	Sie brüten sogar an den Pyramiden in Afrika.

Schlangenfan Nena kennt keine Berührungsängste.

Mythos Schlange: Python Eva überzeugt im Dschungelpalast

Ein Fernsehsender richtet im hannoverschen Zoo eine Benefizgala aus. Dabei geht es um die Unterstützung von Kindern in Afrika. Schauplatz des Benefizabends ist der Prunksaal des Maharadscha, der genau so auch in Indien stehen könnte. Es ist

viel Prominenz geladen. Die Medien sind ebenfalls zahlreich erschienen, nicht nur Kamerateams des Fernsehsenders, sondern auch Fotografen von Zeitungen und Illustrierten.
Wir Tierpfleger sind mit einigen Tieren beteiligt, um den Zoo zu vertreten. So steht neben jedem Prominenten ein Tierpfleger mit einem seiner Schützlinge auf der Bühne. Die namhaften Gäste berichten über ihr Engagement, wie und womit sie Kindern in Afrika helfen oder geholfen haben.
Die Königspython Eva und ich begleiten die Sängerin Nena auf die Bühne. Die Königspython gehört mit einer Länge von etwa 1,80 Meter zu den kleineren Riesenschlangen. Eva ist in einem Zoo zur Welt gekommen und absolut zahm. Wir gehen mit ihr zu sehbehinderten Kindern, die regelmäßig zu uns in die Zoo-Schule kommen. Wir halten dann immer Tiere bereit, die Blinde oder Sehbehinderte »begreifen« können. Für Eva ist das immer eine Form der Beschäftigung. Neue Gerüche und Bewegungen machen ihr nichts aus. Auch laute Kinder oder Musik stören sie nicht, denn Schlangen sind taub.
Nena lässt sich die Gelegenheit, die Schlange anzufassen, nicht entgehen. Sie streichelt Eva kurz und will die Python sogar selbst halten. »Boah, wie toll fühlt die sich an! Überhaupt nicht nass oder glitschig. Wie genial ist das denn?«, platzt es total begeistert aus ihr heraus. »Wenn einem die Schlange über die Hand kriecht, spürt man die kräftigen Muskeln durch die Haut. Was für eine starke Körperhaltung! Was für ein Gefühl für Gleichgewicht! Sie windet sich immer wieder um die Hand, ohne runterzufallen.« Dann fragt sie mich leise, ob ihr Sohn, der ebenfalls mitgekommen ist, die Schlange auch einmal anfassen dürfe. »Na klar«, antworte ich. Nena legt aber großen Wert darauf, dass die Medien dies nicht mitbekommen, um ihren Sohn vor den Fotografen zu schützen. Deshalb suchen wir uns ein ruhiges Plätzchen, an dem ihr Sohn unbeobachtet und ungestört Zeit und Ruhe hat, die Python anzufassen und kennenzulernen.

Auf dem Rückweg durch den Prunksaal im Dschungelpalast komme ich am Tisch von Margot Käßmann vorbei. Die frühere hannoversche Landesbischöfin ist zu dieser Zeit Ratsvorsitzende der Evangelischen Kirche Deutschlands. Von Weitem schon signalisiert sie mir, dass ich mit der Schlange bitte nicht näherkommen möge. Ich bleibe wie gewünscht deutlich auf Abstand und rufe zu ihr rüber: »Sie ist aber zahm und fühlt sich richtig toll an. Es ist an der Zeit, die Schlangen zu rehabilitieren. So schlecht, wie sie die Bibel macht, sind diese Tiere gar nicht.«
Ganz im Gegenteil, dessen bin ich mir sicher. Aber es bietet sich keine Gelegenheit, mich darüber mit der prominenten Theologin auszutauschen. Dass wir alle leben, haben wir aus meiner Sicht einer Schlange zu verdanken. »Im Paradies hat die Schlange doch Eva dazu gebracht, einen Apfel vom verbotenen Baum zu essen«, erzähle ich immer, wenn ich bei Vorträgen den Zuhörern einen Denkanstoß geben möchte, um eine Lanze für die zu Unrecht so gering geschätzten Schlangen zu brechen.
Doch zurück zur Bibel: Was geschah eigentlich mit Adam und Eva? So heißt im Ersten Buch Moses, Kapitel drei, Vers sieben: »Da wurden ihnen beiden die Augen aufgetan und sie wurden gewahr, dass sie nackt waren ...« Dann kam die Geschichte mit dem Feigenblatt, zumal wir Menschen Interesse am jeweils anderen Geschlecht gefunden hatten. Der liebe Herrgott sagte zur Schlange: »Und ich will Feindschaft setzen zwischen dir und der Frau und zwischen deinem Samen und ihrem Samen; er wird dir den Kopf zertreten und du wirst ihn in die Ferse stechen.« So begründet sich die Angst der Christen vor Schlangen. Was machten die beiden ersten Menschen? «Und Adam nannte seine Frau Eva, denn sie wurde die Mutter aller, die da leben.« Wenn es diese Szene nicht gegeben hätte, würde es uns Menschen heute nicht geben.
Andere Religionen und Kulturen sind in ihrer Mythologie viel weiter als wir. Sie verehren Schlangen sogar! Zum Beispiel bei

Buddha: »Als er meditierte, behütete ihn die dreiköpfige Kobra«, wie zu lesen ist. Oder: »Als die Sonne schien, spendete ihm die Kobra mit ihrem Schild Schatten.« Und wann immer Shiva, einer der wichtigsten Götter des Hinduismus, auf der Erde erscheint, nimmt er stets die Gestalt einer Schlange an. Wenn Menschen in Indien eine Kobra im Garten sehen, sagen sie: «Schau mal, Gott Shiva ist in unseren Garten gekommen und liegt auf dem Rasen und sonnt sich.«
Es wäre gut, wenn auch wir Christen Schlangen zumindest Achtung entgegenbringen würden, dann hätten diese Tiere bei uns ein besseres Leben. Und sie wären besser geschützt. Natürlich ist es auch möglich, dass Margot Käßmanns Abneigung gegen Schlangen ganz andere Gründe hatte. Mich hat ihre abweisende Haltung jedenfalls zu diesem Gedankengang angeregt.

Königspython (Python regius)

Länge:	bis zu 2 m
Gewicht:	1–3 kg
Verbreitung:	West- und Zentralafrika
Besonderheit:	Der englische Name »ball python« rührt daher, dass sich die Schlange bei einer Bedrohung oft eng zusammenrollt, wobei der Kopf innen liegt und so durch die Körperschlingen geschützt ist. Schlangen sind in der Lage, über ein Jahr ohne Futter auszukommen.

Shiva ist einer der wichtigsten Götter des Hinduismus: Dieser Kupferstich ist ein Geschenk von indischen Kollegen.

»Das ist mir jetzt aber ein wenig peinlich!«

»Stell dich bitte mal dahin und tue so, als ob du einen Affen auf dem Arm hast. Du hast nämlich die gleiche Körperstatur wie Udo Jürgens«, sagt der Fotograf, der für die »Hörzu« arbeitet. Udo Jürgens soll auf die Titelseite der TV-Programmzeitschrift, gemeinsam mit einem Orang-Utan. Die Aufnahme will der Fotograf im Urwaldhaus machen. Er brauche mindestens einen Abstand von acht Metern zum Motiv, erklärt mir der Fotoreporter. Aber hinter den Kulissen, also außerhalb der für Besucher zugänglichen Räume, hatten wir keinen Raum, der entsprechend groß genug ist. Also biete ich dem Team kurzerhand das Gorillagehege an.

Nach genauer Prüfung legt sich das Aufnahmeteam fest: »Das Innengehege der Gorillas ist gut geeignet«, sagt der Fotograf. Zielstrebig baut er die Leinwand für den Hintergrund auf, bringt das Licht in Stellung und stellt seine Kamera aufs Stativ. Dann benötigt er mich als Statisten, um alles an seinen Apparaten genau einzustellen. »Stören die Leute, die in der Besucherhalle zuschauen?«, frage ich ihn. »Nein, nein, die Menschen stören nicht«, versichert mir einer der Manager. So widmen wir uns im Gorillagehege den Vorbereitungen, von den Besuchern durch einen sechs Meter breiten Graben getrennt. Der Fotograf macht Stellproben und Testaufnahmen, damit es später mit dem Weltstar schneller geht.

Dann kommt unverhofft ein Mantel mit großer Kapuze auf zwei Beinen herein. Wir gehen zusammen in die Futterküche. Der Agent, der ihn begleitet, fragt noch, ob wir hier allein seien und keine Besucher reinkommen könnten. »Wir stehen in der Futterküche der Menschenaffen, hier kommen nur Menschen und

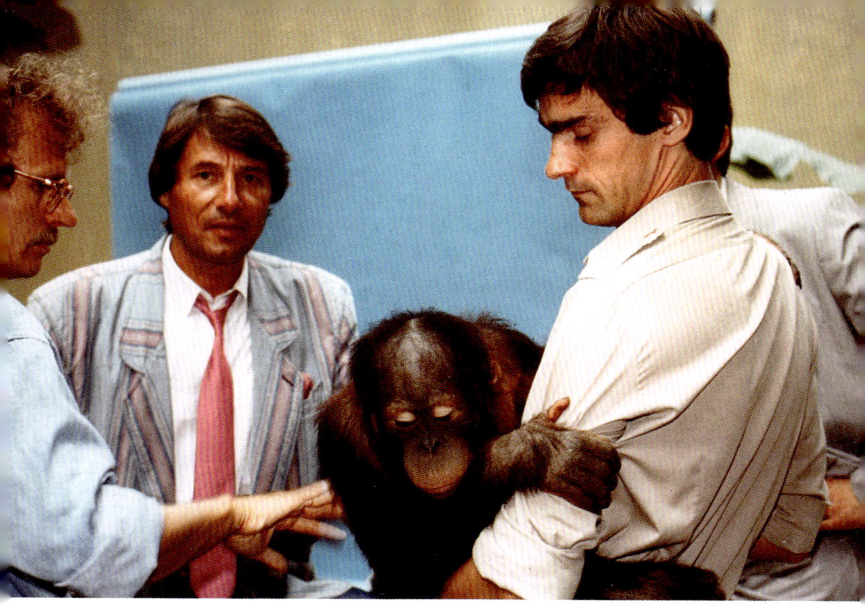

Orang-Mädchen Sarah interessiert sich anfangs mehr für die Ausrüstung des Fotografen als für unseren prominenten Besucher.

Affen rein und raus, wenn wir das wollen«, erkläre ich ihm unmissverständlich. Da legt der Unbekannte Mantel und Kapuze ab: Es ist tatsächlich Udo Jürgens! Er sieht sich etwas verdutzt um und blickt erst zu uns, dann auf das Futter der Menschenaffen: ein ganzer Tisch voller Obst und Gemüse. Keine weiteren Fotografen sind in Sicht.

Udo Jürgens »taut« langsam auf, stellt viele Fragen und will auch wissen, was das für ein Affe ist. Ich habe Sarah mitgebracht, ein Orang-Utan-Weibchen, damals ungefähr fünf Jahre alt, eine ganz liebe Affendame. Zum Anfreunden haben wir Sarah auch schon mal hergeholt, und der Entertainer spielt mit ihr und füttert sie ein wenig. Dabei bestätigt er unsere Meinung: »Sarah ist wirklich sehr lieb«, findet der Sänger.

Nun will der Fotograf aber unbedingt mit seiner Arbeit anfangen. Wir setzen Sarah auf Udo Jürgens' Arm, und er geht mit dem Affen ins Gorillagehege. Als die Besucher in der Halle den Sänger erkennen, applaudieren sie, während Udo Jürgens mit einem etwas gezwungenen Lächeln hinüberschaut und sich in Positur stellt. »Da ist es gut, bitte so stehen bleiben«, sagt der Fotograf.

Doch plötzlich fordern einige Besucher lauthals: »Udo, sing ein Lied, Udo, sing ein Lied.« Eine Ansage mit der Bitte, dass wir hier in Ruhe an Fotos arbeiten möchten, hilft leider gar nichts. Die Zoofreunde, die zu dieser Zeit den Weg ins Urwaldhaus gefunden haben, verlangen weiter unentwegt, Udo solle jetzt ein Lied singen.

Niemand ahnt natürlich, dass der Star lediglich auf einen Sprung für ein paar Fotos in den Zoo gekommen ist. Wenn man bedenkt, dass sich hier kein Fanclub versammelt hat, sondern es ganz normale Zoobesucher sind, die so unnachgiebig eine Gesangsdarbietung fordern, kann man sich eine Vorstellung von seiner ungeheuren Popularität machen.

Da gesteht mir Udo Jürgens flüsternd: »Das ist mir jetzt aber ein wenig peinlich!« Keine Frage. Mir ist es ebenfalls unendlich peinlich! Und helfen kann nur eins: Mein Kollege und ich gehen in die Halle und schicken die Besucher so höflich wie nur irgend möglich aus dem Urwaldhaus. Danach sperren wir die Türen zu. Nun endlich entspannt sich der Sänger wieder, und es können sehr gelungene Fotos mit Udo und Sarah gemacht werden.

Danach bringen wir die Affendame gemeinsam zurück ins Gehege. Zum Schluss streift Udo Jürgens wieder seinen Mantel über, und der Agent gibt ihm zu verstehen, dass sie nun draußen erneut durch die Menschenmenge müssten. Also zieht Udo Jürgens die große Kapuze über den Kopf, versteckt sich darunter so gut es eben geht, und schon ist er verschwunden. Uns Pflegern ist in diesem Moment ziemlich klar, dass wir auf keinen Fall berühmt sein wollen. Da bleiben wir doch lieber bei unseren Affen im Urwaldhaus.

Banja lockt Weltstar auf die Zoowiese

Traumjob Tierpfleger: Im Schatten großer Bäume liege ich auf einer grünen Wiese. Mit mir auf der Decke eine kleine Schimpansin mit Namen Banja. Das Schimpansenbaby ist beschlagnahmt worden, weil es ohne Papiere bei Privatleuten lebte. Der Affe ist gerade zwei Jahre alt und sucht den Kontakt zu anderen Artgenossen und zu uns Pflegern. Wir versuchen, Banja in unsere bestehende Schimpansengruppe zu integrieren. Doch Integration glückt immer nur in kleinen Schritten.
Zwischendurch gehen wir mit ihr zum Spielen immer wieder raus auf den Rasen. Rund um die Wiese herum stehen oft Besucher, die uns beobachten und Fragen stellen.
Eines Tages nähern sich drei schrill gekleidete Gestalten, die nicht auf dem Weg stehen bleiben, sondern direkt auf die Wiese kommen und sich genau vor uns aufstellen. Bevor ich überhaupt dazu komme, irgendetwas zu sagen, stellt mir eine der beiden Frauen auf Englisch ein paar Fragen. Der skurrile Typ in der Mitte flüstert ihr unablässig etwas ins Ohr.
Ihre Erkundigungen unterscheiden sich nicht von denen, die mir auch oft auf Deutsch gestellt werden: Wie alt ist der Affe? Wo kommt er her? Betreust du das Tier allein? Was frisst so ein Affe eigentlich? Doch auf einmal unterbricht der Typ die Frau, spricht mich direkt an und bekennt, dass er auch einen Affen besitzt.
So etwas ist mir zuvor ab und zu auch schon mal eröffnet worden. Dann sind es aber eher die Frauen, die behaupten, auch einen Affen zu Hause zu haben und meinen damit entweder ein Kind oder ihren Mann. Doch aus diesem Menschen sprudelt es nur so heraus. So erfahre ich, dass sein Schimpanse Bubbles

Kein Tag ohne Abenteuer: Schimpansen-Baby Banja ...

heißt und er ihn von einem Tiertrainer bekommen hat. Dass er mit Bubbles immer in einem Kinderzimmer spiele und der Schimpanse sein bester Freund sei, davon schwärmt der Unbekannte mit den weiblichen Gesichtszügen regelrecht. Wir reden noch ein wenig über Windeln und Affenschnupfen, dann verabschieden sich die drei und sind im Nu nicht mehr zu sehen.

»Sagt mal, habt Ihr auch die Leute mit den extravaganten Klamotten gesehen?«, frage ich am Abend meine Kollegen in der Umkleidekabine. »Da hat doch einer recht glaubwürdig erzählt, zu Hause in Amerika auch einen Affen zu haben«, schildere ich ihnen die Begebenheit vom Nachmittag. Die Kollegen sind über meine Ahnungslosigkeit schockiert: »Du weißt nicht, wer das gewesen ist? Nein? Veralber' uns bloß nicht! ... Das war Michael Jackson! Der gibt heute Abend ein Konzert in Hannover.«

Später erfuhr ich, dass die Pop-Ikone mit der ausgefallenen Aufmachung alle Zoos in den Städten besuchte, in denen er auch Konzerte gab. Als er noch berühmter wurde, fuhr er außerhalb

... macht kein Affentheater auf der Wiese vor den Besuchern.

der Öffnungszeiten nur noch mit einer Limousine durch die zoologischen Gärten. Von Bubbles, damals wohl einer der bekanntesten Affen der Welt, hatte ich zuvor nichts mitbekommen. Der Schimpanse lebt nach dem Tod des Weltstars übrigens in einem Altersheim für Showtiere in Florida. Er muss mittlerweile im Seniorenalter sein. Übrigens soll er am liebsten Musik hören, die er selbst aussucht. Ob Songs von Michael Jackson darunter sind, ist nicht überliefert.

Schimpanse (Pan troglodytes)

Körperlänge:	stehend 1–1,70 m
Gewicht:	50 kg (Weibchen) bis 70 kg (Männchen)
Verbreitung:	Mittleres Afrika
Besonderheit:	Schimpansen in Guinea haben Fallen von Wilderern unschädlich gemacht und dieses Wissen schnell an andere Artgenossen weitergegeben.

In meinen Augen die schönste Frau der Welt: Ah Meng hat mich mit ihrem Charme um den kleinen Finger gewickelt.

Rendezvous mit der bekanntesten Affendame Asiens

»Detlef, du hast schon lange nicht mehr deutsch gesprochen, und abends sitzt du immer zu Hause rum. Wir haben für dich ein Date vereinbart, mit drei Frauen. Eine davon kommt aus Österreich. Dort wird doch deutsch gesprochen, oder?« Als ich dieses Angebot bekomme, arbeite ich gerade im Zoo von Singapur. Während meiner einjährigen Auszeit, die ich als Weiterbildung in Asien nutzte, bin ich anfangs vier Monate in Südindien auf einer Giftschlangen- und Krokodilfarm gewesen. Meine zweite Station ist jetzt schon seit drei Monaten die Metropole Singapur.

Ja, in der Tat, ich habe wirklich schon lange nicht mehr deutsch gesprochen. »Aber was ist das für eine Einladung?«, frage ich mich. Als ich nachforsche, kommt heraus, dass ich mit Ah Meng nachmittags zum Kaffeetrinken gehen soll.

Am Vortag hat in Singapur eine Miss-World-Wahl stattgefunden. Heute steht im dortigen Zoo ein Pressetermin mit den drei schönsten Frauen der Welt und Ah Meng auf dem Programm. Ob Ah Meng bei dem Schönheitswettbewerb Chancen gehabt hätte, weiß ich nicht. Sie hat schöne rote Haare, lange Arme, die Beine sind ein wenig zu kurz, und einen Bikini hat sie nie getragen. Bei Ah Meng handelt es sich nämlich um eine Orang-Utan-Dame und die zu diesem Zeitpunkt bekannteste Tierpersönlichkeit Asiens. Der Affe ist für alle Arten von Veranstaltungen gebucht worden.

Wie Ah Meng so populär wurde? Um das zu erklären, müssen wir kurz die schönen Frauen verlassen. Ah Meng war schon als jüngerer Affe besonders umgänglich. Deshalb wurde sie frühzeitig zu besonderen Ereignissen auch außerhalb des Zoos mitgenommen. So zu einer Geschäftseröffnung in der Innenstadt, direkt auf der Orchard Road, einer der berühmtesten Einkaufsmeilen Asiens.

Aus irgendeinem unerfindlichen Grund ließ Ah Meng dort die Hand ihres Tierpflegers los und kletterte auf einen großen Baum. Alle Versuche, das Affenweibchen herunterzulocken, waren vergeblich. Ah Meng wollte einfach nicht hinabsteigen. Am nächsten Tag waren bereits die Medien mit Filmkameras und Fotoapparaten zur Stelle. Doch jegliches Locken und Rufen erbrachte weiterhin keinen Erfolg. Ah Meng saß im Baum und beobachtete das Treiben unter ihr. Am zweiten Tag hatten sich noch mehr Journalisten eingefunden, sogar aus den anderen Staaten Asiens. Die Reporter berichteten live von dem Baum an der Orchard Road, auf dem der Affe kampierte. Ah Meng fraß nichts und trank Regenwasser. Auch nach vier Tagen ohne

Futter war die Orang-Utan-Dame nicht einmal mit Bananen aus dem Baum zu locken.
So entschied der Zoo, das Tier zu betäuben. Die Verantwortlichen riefen die Feuerwehr, die umgehend mit Sprungtüchern anrückte. Ein Blasrohr wurde auf Ah Meng angelegt und ein Betäubungspfeil abgeschossen, der auch traf. Das alles geschah vor den Augen der Medien und Passanten. Das Affenweibchen wurde immer müder, bis es aus dem Baum in das Sprungtuch fiel. Doch Ah Meng schlug so unglücklich auf, dass sie sich einen Arm brach. Da Zoo und Tierklinik in Singapur weit außerhalb liegen, fiel die Entscheidung, sie in das nächstgelegene Krankenhaus zu bringen, wo sie einen Gipsarm bekam. Sechs Wochen müsse der Gipsverband dranbleiben, verfügte der behandelnde Arzt.
Aber wie um alles in der Welt bringt man einen Affen dazu, so einen Gips in Ruhe zu lassen? Doch es kam ganz anders, als die Tierpfleger befürchtet hatten. Ah Meng stolzierte mit ihrem Verband geradezu durch das Gehege. Und jeden Tag berichteten die Medien aufs Neue von dem Affen mit dem Gipsarm im Zoo von Singapur. So wurde die Orang-Utan-Dame damals in ganz Asien zu einer Berühmtheit.
Einige Bewohner von Singapur sagen bis heute noch, sie besuchen Ah Meng, wenn sie in den zoologischen Garten gehen. Als ich seinerzeit einmal bei einer Bank Geld abheben wollte und meine Adresse nennen musste, gab ich die Gästewohnung des Zoos an. Der Bankangestellte stutzte nur kurz, lächelte und sagte: »Ach so, bei Ah Meng« und schrieb genau das in sein Formular.
Aber zurück zu den drei schönsten Frauen der Welt und Ah Meng. Meine Kollegen sind der Meinung, dass ich mit dem Affen unbedingt zum Kaffeeklatsch mitgehen soll. Meine Beziehung zu der Orang-Utan-Dame ist sehr gut, und sie hört auf mich. So nehme ich den Affen an die Hand und gehe zu dem

Pressetermin. Die drei Frauen sitzen schon an einem großen Tisch, und vor ihnen steht ein Kuchen. Für Ah Meng ist noch ein Platz frei, an dem Obst und Gemüse liegen. Rings um den Tisch stehen Fotografen, hinter mir die Kollegen. Die Pressekonferenz fängt an, es gibt viele Fotos und ebenso viele Fragen. Die anderen Tierpfleger wollen mich ein bisschen provozieren und geben mir immer mal wieder einen leichten Stupser ins Kreuz: »Sprich sie endlich an!« »Du kannst mein Auto haben!« »Ich fahr dich!« »Ich kenne ein tolles Restaurant!« Doch ich reagiere nicht auf meine Kollegen. Ich bin ein wenig verschüchtert, nicht nur wegen der vielen Fotografen, sondern auch wegen der drei schönsten Frauen der Welt.
Irgendwann ist der Termin fast zu Ende, und ich sage auf Deutsch: »Komm, Ah Meng, lass uns gehen, das reicht für heute.« Da schaut mich Miss World mit großen Augen an und fragt erstaunt: »Du sprichst Deutsch?!« »Ja, ich komme aus Deutschland und mache hier ein Praktikum«, erläutere ich. Der Affe achtet nur auf meine Körpersprache, deshalb kann ich auch ungehindert auf Deutsch mit der Schönheitskönigin aus Österreich reden. Eifersüchtig wird Ah Meng bei diesem Small Talk nicht. Und die Unterhaltung in meiner Muttersprache dauert eine ganze Weile, was meinen Kollegen natürlich nicht entgeht. Auf dem Rückweg in den Zoo geht die Fragerei erst so richtig los. »Wo trefft ihr euch? Wann trefft ihr euch? Soll ich euch fahren?« Irgendwann reagiere ich: »Ja, ich habe mit ihr einen Termin abgemacht. Wir wollen zusammen essen gehen!« Fragende Blicke der Kollegen. »Wir essen ausnahmsweise mal vor dem Gehege«, sage ich. Gesagt, getan: Ich gehe vor die Tür, setze mich hin, nehme eine Banane aus meiner Hosentasche und teile sie mit Ah Meng. Die Kollegen schauen völlig entgeistert zu. Das haben sie sich allerdings ganz anders vorgestellt.

TIERISCHES

DIES UND DAS

Die Angst des Zahnarztes vor den Lamas

Kein Tag ohne Abenteuer: Das beschreibt unseren Beruf als Tierpfleger im Zoo wohl am besten. Vieles, was wir mit den Tieren täglich erleben, ist für uns normaler Alltag. Aus dem Blickwinkel von Zoobesuchern sind das aber eher ungewöhnliche Ereignisse. Ein typisches Beispiel: Mit jedem Lama müssen wir regelmäßig den Zahnarzt aufsuchen. Bei dieser Kamelart wachsen die Schneidezähne ständig nach und müssen deshalb regelmäßig abgeschliffen werden. Wenn man dann noch erzählt, wie so etwas vor sich geht, könnte daraus glatt eine Geschichte werden.

Der Zahnarzt für Tiere ist nicht gerade erfreut, wenn wir anrufen und ankündigen, dass die Lamas mal wieder an der Reihe sind. Der Tierarzt zieht sich dann immer einen Kunststoff-Overall über, denn Lamas spucken bekanntlich. Was aber nicht jeder weiß: Dabei handelt es sich nicht um Speichel, sondern um grünen Magensaft, der vom Heufutter herrührt.

Der Aufwand bei solchen Einsätzen ist nicht gerade gering. Wir Tierpfleger gehen natürlich zuerst ins Gehege. Einer springt dem Lama an den Hals. Zwei weitere Kollegen halten das Tier fest, das sich dann in der Regel hinlegt. Nun kann sich der Zahnarzt gefahrlos um die Zähne kümmern. Sofern er mit guten Pflegern zusammenarbeitet, hat sich seine »Plastikuniform« am Ende des Tages als gänzlich überflüssig erwiesen.

Zahnarzt dringend gesucht.

Bei den Menschenaffen ist ihr Tierpfleger ein Mitglied ihrer Gruppe

»Vorsicht, Affen werfen mit Kot!« – Diese Warnung steht auf den Schildern an den Außengehegen des Tropenhauses. Dort leben die Menschenaffen. Ein langer Tierpflegergang, der mit einem Blick einzusehen ist, trennt die Besucher vom Gitter der Gehege. Wenn den Primaten das lebhafte Treiben vor ihrem Gehege zu bunt wird, werfen sie mit ihren Hinterlassenschaften. Daraufhin gibt es meistens einen Aufschrei. Die Menschen nehmen Abstand und beobachten die Tiere lieber aus sicherer Entfernung. So einfach haben die Affen dann ihr Ziel erreicht.

Wer zieht die witzigste Grimasse? Faxenmachen mit Orang-Utan-Mann Schorsch.

Für die Menschenaffen sind die Tierpfleger immer ein Teil ihres eigenen Rudels. Schlägt mir ein Besucher vor Freude oder Anerkennung mal freundlich auf die Schulter, erbost dies die Affen. In freier Wildbahn hätten sie mich in diesem Moment verteidigt.
Wenn ich mit einer Besuchergruppe zu den Schimpansen komme, muss ich als Erstes den Boss begrüßen. Erst danach darf ich mich um mein »Besucherrudel« kümmern. Tue ich das nicht, bestraft mich Maxi demonstrativ mit Weggucken. Selbst wenn

ich versuche, in sein Blickfeld zu treten, dreht er den Kopf einfach weg. Damit zeigt er, dass er als Chef mein respektloses Verhalten nicht duldet.
Jeden Morgen kommen meine Vorgesetzten, um uns Anweisungen für den Tag zu geben. Unsere Chefs sind aufgrund ihres Verhaltens uns Tierpflegern gegenüber bei den Menschenaffen eher unbeliebt. Die Tiere schauen zu und nehmen unsere Körpersprache wahr. Sie können es nicht akzeptieren, dass ein aus ihrer Sicht unbekannter Vorgesetzter einem ihrer Gruppenmitglieder Vorschriften macht.
Wenn mich der Chef »zusammenfaltet«, weil ich eine Anweisung nicht in seinem Sinne ausgeführt habe, trösten mich die Affen. Gehe ich nach so einem Vorfall ins Gehege, was seinerzeit noch gang und gäbe war, umarmen mich die Affen mit beiden Armen und legen ihre Lippen auf mein Gesicht. Küssen, wie wir es tun, kennen Affen nicht. Der Mund-zu-Mund-Kontakt ist ihnen nur zwischen Müttern und ihren Jungen zum Füttern geläufig.
Stehe ich nach so einer unguten Situation vor der Anlage, strecken sie den Arm heraus und legen ihre Hand in meinen Mund. Das ist unter ihresgleichen ein Zeichen für Zusammengehörigkeit. Dann ist der Rüffel vom Chef schnell für mich vergessen.
Jeden Tag nach dem Füttern stehe ich noch im Gang vor den Gehegen, um Fragen der Besucher zu beantworten. Einmal erscheint plötzlich einer unserer jungen Vorgesetzten mit einer Studentengruppe bei den Menschenaffen. Er kennt das Schild »Vorsicht, Affen werfen mit Kot!« schon und stellt sich deshalb schlauerweise nicht vor den Käfig der erwachsenen Affen, sondern wählt einen Platz vor den jungen Orang-Utans. Denn nur geschlechtsreife Affen verteidigen ihr Revier, Jugendliche (noch) nicht.
Dort klettert er über die Absperrung in unseren Arbeitsgang. Das mag der junge Orang-Utan-Mann Schorsch aber gar nicht,

der dort mit seiner Uta zusammenlebt. Ohne ihn zu begrüßen, dreht der Zoologe nun auch noch Schorsch den Rücken zu, um seinen überwiegend weiblichen Zuhörern das Verhalten von Menschenaffen zu erklären. Für den Orang-Utan ist das zu viel an Imponiergehabe!

Schorsch greift sich eine Porreestange, und aus der Entfernung sehe ich von der Seite, wie sich erst der Lauch und dann der lange Arm des Orangs durch das Gitter schieben. Dann holt Schorsch wie mit einer Peitsche aus und zieht dem erschrockenen Redner das Gemüse über den Kopf. Im richtigen Moment lässt der Affe den Porree los, sodass es auf dem Kopf des jungen Mannes liegen bleibt. Der schaut erbost zu mir herüber. Und ich sehe, wie ihm das ausgefranste Lauchgrün ins Gesicht herabhängt. Er steigt schnurstracks über die Absperrung zurück und verlässt mit seinem »Rudel« den Ort des Geschehens. Schorsch dagegen setzt ein glückliches Gesicht auf. Er, ein heranwachsender Orang-Utan-Mann, hat es doch tatsächlich geschafft, einen imponierenden Zoologen mit seiner ganzen Horde in die Flucht zu schlagen.

Gitter oder Glas: Im Urwaldhaus sind die Absperrungen aus Panzerglas. Gitter vermitteln den Menschen einen Eindruck des »Eingesperrtseins«. Wenn die Affen hinter Glas sitzen, haben die Besucher das Gefühl, dass die Tiere frei sind. Glasscheiben sind aus Sicht der Primaten langweilig und Gitterstäbe viel attraktiver. Hinter Gittern können sie die Menschen besser riechen, hören und mit ihnen kommunizieren. Doch das Glas hat durchaus auch Vorteile: Die Infektion mit ansteckenden Keimen ist nahezu unmöglich, und das unsachgemäße Füttern durch die Besucher ist ausgeschlossen. Die Gäste des Zoos stehen den Wildtieren vermeintlich Auge in Auge gegenüber.

Der König der Tiere und sein ungewöhnlicher Fanclub

»Was bist du doch für ein prächtiger Kerl!« Mit diesen Worten schmeichelten ihm immer drei ältere Damen, sein Fanclub. Fast täglich kam das elegant gekleidete Trio in seinen Nerzmänteln, um Hannibal die Reverenz zu erweisen. Er kämmte sich seine Mähne vornehmlich vor ihren Augen an den Gitterstäben des Raubtierhauses.

Hannibal – ein König der Tiere – ist wirklich ein stattlicher Löwenmann. Immer, wenn er die Stimmen der Frauen hört, öffnet er die Augen, steht auf und geht in den vorderen Teil des Geheges, halb hingezogen von Zuwendung und guten Worten, halb angelockt vom Duft ihres Parfüms. Dann schreitet er auf das Gitter zu und geht majestätisch davor auf und ab. So kämmt er sein prächtiges Haar und hört sich die Komplimente an: »Wie gut siehst du heute wieder aus!« … »Wie kräftig du gebaut bist!« … »Und was hast du für eine tolle Mähne!« Auch wir Tierpfleger hören die Stimmen der Damen gern, die schon beim Betreten des Raubtierhauses »Hannibal, Hannibal« rufen und dann an das Gehege herantreten. Nachdem die Rituale beendet sind, werden auch wir beim Reinigen der Käfige begrüßt.

Dann kommt der besondere Tag. Im Raubtierhaus hat Arthur Dienst, mein Kollege, der früher beim Zirkus ein berühmter Raubtierdompteur war und täglich in der Manege stand. Aber irgendwann hatte er die Nase voll vom Reisen und wurde mit seiner Familie in Hannover sesshaft.

Auch Arthur pflegt den Kontakt zu den älteren Damen. »Hannibal, Hannibal«, klingt es heute ebenfalls wieder im Raubtierhaus, solange, bis die drei Grazien das Gehege des Löwen erreicht haben. Diesmal öffnet Hannibal aber nur ein Auge und geht nicht einmal ans Gitter, um die Frauen zu begrüßen. Wieder einmal rufen sie »Hannibal!«, doch der Löwe will sich heute einfach nicht kämmen. Ja, er steht noch nicht einmal auf.
So etwas haben sie noch nie erlebt. Also laufen die drei los, um einen Tierpfleger zu suchen. Arthur spritzt mit einem Schlauch gerade ein Gehege aus. »Herr Arthur, Herr Arthur, Hannibal ist krank!«, rufen sie besorgt. Arthur dreht das Wasser ab, klettert aus dem Gehege und fragt, was denn los sei. Die Frauen erklären ihm die Situation, aber Arthur lässt sich von ihrer Aufregung nicht anstecken. »Wie rufen Sie denn den Löwen?«, will der Tierpfleger nun von ihnen in aller Gelassenheit wissen. »So wie immer: Hannibal«, antworten die Damen. »Mädels, ihr müsst heute tapfer sein«, verkündet Arthur. Mit betont ruhiger Stimme versucht er ihnen seine Neuigkeit schonend beizubringen: »Hannibal ist nicht mehr Hannibal. Von heute an heißt er nur noch Hanni, die ›Bälle‹ hat ihm der Tierarzt am Morgen abgeschnitten.« Totenstille. Entsetzt, traurig und mit hängenden Köpfen verlassen die drei Besucherinnen das Raubtierhaus.
Doch schon am nächsten Tag schallen wieder die vertrauten Stimmen durchs Raubtierhaus: »Hanni, Hanni!« … Und Hanni

steht tatsächlich auf und kämmt seine Mähne wie auch sonst an jedem Tag. Da fällt den Damen an dem Löwen aber doch etwas auf: Hanni hat ja seine »Bälle« noch.
»Herr Arthur!«, rufen sie den Tierpfleger energisch zu sich heran. »Sie haben uns gestern ganz schön angeschwindelt, Hannibal hat seine ›Bälle‹ doch noch.« Arthur windet sich und erklärt, warum der Tierarzt ein Einsehen hatte: »Löwen, die kastriert sind, fällt die Mähne aus. Deshalb werden Löwenmänner immer sterilisiert«, erläutert mein Kollege. »Das heißt, zwei Zentimeter des Samenstrangs werden entfernt. So wird nicht in den Hormonhaushalt der Tiere eingegriffen. Und die schöne Mähne bleibt erhalten. Ihr könnt also ruhig weiterhin ›Hannibal‹ rufen.«
Arthurs Erläuterungen konnten die drei Damen zwar nicht ganz zufriedenstellen. Aber sie kamen weiterhin jeden Tag, und es schallte nach wie vor der Lockruf »Hannibal, Hannibal« durch das Raubtierhaus.

Löwe (Panthera leo)

Kopfrumpflänge:	1,70–2,50 m, Schulterhöhe: bis zu 1,23 m
Gewicht:	bis 130 kg (Weibchen), bis 190 kg (Männchen)
Verbreitung:	Afrika und Indien
Besonderheit:	Löwen haben in der Schwanzquaste einen Hornstachel. Das ist ein zurückgebildeter Schwanzwirbel. Das Löwenmännchen beißt in der Regel alle Jungtiere tot, nachdem es ein neues Rudel übernommen hat. So werden die weiblichen Tiere umgehend wieder läufig, und der neue Rudelführer kann seine Gene schneller vererben.

Er hat die Haare schön:
Die Mähne eines jungen
Berberlöwen.

Missverständnis sorgt für ein dickes Problem

Es ist an diesem Morgen noch sehr neblig, als ich am Elefantenhaus vorbei in mein Revier in Richtung Tropenhaus gehe. Vor mir liegt die Wiese, auf der wir bei schönem Wetter die jungen Affen spielen lassen. Und im Nebel zeichnen sich allmählich Schatten ab, die dort eigentlich nicht hingehören. Als ich näher herankomme, erkenne ich zwei Flusspferde, die grasend auf dem Rasen stehen. »Die haben dort absolut nichts zu suchen! Wie sind die bloß dahin gekommen?«, frage ich mich verwundert.

Das Flusspferdhaus befindet sich in unmittelbarer Nähe. Eberhard und Zora, die es mit ihren 22 Kindern als einziges hannoversches Zoo-Tier sogar ins Guinnessbuch der Rekorde geschafft hat, fressen total entspannt auf der Wiese. Selbst nachdem sie mich bemerkt haben, blicken beide nur kurz auf, um dann weiter zu fressen. Ich gebe zu, es ist schon ein besonderer

Anblick, zwei so große und schwere Tiere hier im Nebel stehen zu sehen.

Einen solchen Anblick kannte ich von einer Afrikareise, die ich einmal mit Freunden unternommen hatte. In Burundi saßen wir am Tanganjikasee im Restaurant auf der Terrasse. Bei Einbruch der Dunkelheit verließen die Flusspferde den See, um zu grasen. Im Zoo Hannover hatte ich das aber noch nie gesehen.

Schnurstracks gehe ich zum Flusspferdhaus und bemerke sofort, dass die Tür zum Außengehege weit offen steht. Ich suche den Kollegen, der heute hier Dienst hat, und treffe auf Dave, einen Afrikaner, der bei uns im Zoo ein Praktikum macht. Ihm schildere ich mit aufgeregter Stimme: »Die Flusspferde stehen auf der Wiese!« Dave weiß anscheinend Bescheid, versteht aber meine Aufregung nicht, als ich sage: »Das dürfen die doch nicht!« »Wieso nicht?«, fragt Dave zurück. »In Afrika stehen sie auch auf der Wiese und fressen Gras. Der Chef hat gesagt, ich soll sie rauslassen.« »Wir sind aber nicht in Afrika, Dave«, entgegne ich. »Wir müssen sie wieder reinholen«.

Meine Stimme wird langsam beherrschter, und ich erkläre ihm: »Rauslassen bedeutet, die Tiere vom Innenstall, wo sie nachts schlafen, ins Außengehege zu lassen. Gut, das Außengehege für die großen Tiere ist recht klein. Das stimmt. ›Rauslassen‹ kann aber nicht bedeuten, sie frei laufen zu lassen. Verstehst du das?«

Rasch holen wir die Kollegen vom Elefantenhaus und gehen gemeinsam in einer Reihe ganz ruhig auf die Tiere zu. Tatsächlich weichen die Flusspferde, die bis zu 40 Kilometer pro Stunde schnell sein können, ganz langsam zurück ins Außengehege, als sei das alles ganz normal.

Unser afrikanischer Praktikant fragt noch, ob wir das jetzt jeden Tag machen wollen. »Nein, Dave, das tun wir lieber nicht«, betone ich. »Einmal ist es gut gegangen. So viel Glück hat man aber nicht jeden Tag.« Flusspferde gelten nicht ohne Grund als die gefährlichsten Säugetiere Afrikas.

Jahre später bekamen die Tiere bei uns im Zoo ein Gehege »am Flusslauf des Sambesi«, ein geräumiges Innenbecken mit warmem und gefiltertem Wasser und einer großen Scheibe, sodass sie auch unter Wasser gut zu beobachten sind. In ihrem Außengelände haben die Flusspferde ebenfalls einen Pool mit Warmwasser. Eine eigene Wiese haben sie zwar nicht, aber Gras wird täglich an Land gefüttert.

Flusspferd (Hippopotamus amphibius)

Kopfrumpflänge:	2,90–5,10 m, Schulterhöhe: bis 1,65 m
Gewicht:	bis 4500 kg
Verbreitung:	Afrika südlich der Sahara
Besonderheit:	Nach derzeitigem Wissensstand sind Wale die nächsten Verwandten der Flusspferde.

Der Blick auf die Waage zeigt es deutlich: Die Orang-Dame hat ein paar Pfund zuviel auf den Rippen.

Im Sturzflug durch den hannoverschen Regenwald

Ich gebe zu, sie war tatsächlich etwas zu dick. Die Rede ist von der älteren Orang-Utan-Dame Daisy, die damals bei uns im alten Menschenaffenhaus lebte. Das Haus bestand aus mehreren Käfigen, spartanisch eingerichtet mit Sitzbrett, Hanfseil und Ketten zum Klettern. Wände und Boden waren aus Beton und mit Lackfarbe überzogen. So konnten wir die Gehege gut reinigen. Am Abend bekamen die Affen Holzwolle, um sich Schlafnester zu bauen.

Daisy war eine gutmütige Affendame, die sehr gern fraß. Zu uns Pflegern verhielt sie sich immer sehr freundlich. Nur mit der Bewegung hatte sie es nicht so. Mit ihrem dicken Bauch saß sie meistens nur da und beobachtete die Besucher. Das Orang-Utan-Weibchen erinnerte sie an eine alte Marktfrau hinter ihrem Gemüsestand.

Mit den jungen Affen gehen wir täglich auf eine Wiese in unmittelbarer Nähe. Daran grenzt ein kleines Waldstück, in dem sich die Tiere beschäftigen können. Zu dieser Zeit haben wir fünf heranwachsende Menschenaffen: Uta und Schorsch, zwei halbstarke Orang-Utans, dazu noch Toni und Sonja, zwei fünf und sechs Jahre alte Gorillas, und Tina, eine junge Schimpansin. Unsere Affen halten sich in erster Linie auf der Wiese auf. Mal toben sie mit uns auf der Decke, manchmal gehen sie aber auch in den Wald zum Spielen. Ab und zu spazieren sie sogar zu den Besuchern, die an der Wiese stehen, wo es keine Absperrung gibt. Da kommt uns die Idee, die übergewichtige Daisy mit auf die Wiese zu nehmen, damit sie als Grandma mal von den Youngstern auf Trab gebracht wird.

Früher hat man Menschenaffen in Zoos gern angefüttert, bis sie Übergewicht hatten. Die Tiermedizin war seinerzeit noch nicht auf dem Stand, auf dem sie heute ist. Medikamente waren selten und Antibiotika für Menschenaffen noch nicht gut erforscht. Diese Tiere können sich aber die gleichen Erkrankungen wie Menschen zuziehen. Damit die Affen sich nicht infizierten,

wurden die Käfige so steril wie möglich gehalten. Wenn nun ein Affe Grippe bekam und 14 Tage nichts fraß, war das bei übergewichtigen Tieren nicht so dramatisch. Doch Daisy hatte eindeutig zu viel Gewicht.
Wir nehmen sie also mit auf die Wiese. Die Bewegung werde ihr schon gut tun, sagen wir uns. Als Erstes nimmt sie uns die Decke weg und versteckt sich unter ihr. Spielen mit den anderen Affen ist eben nicht ihr Ding. Gegen Mittag geht sie in den Wald und klettert auf eine Buche, bis fast nach oben. Mit ihren langen Armen angelt sie sich Äste einer benachbarten Pappel und versucht, beide Bäume miteinander zu verknoten.
Es dauert eine Weile, bis sie es schafft, sich eine Art Plattform in luftiger Höhe zu bauen. Es sieht wie das Nest eines riesigen Vogels aus. Daisy legt sich in diese Hängematte und hält ein Schläfchen. Das ist ein Verhalten, das Orang-Utans in der Natur beherrschen. Doch auf einmal knackt und kracht es, und die Äste brechen, weil unsere heimischen Gehölze eben nicht so elastisch sind wie die Bäume im Regenwald. Das »Nest« bricht unter Daisys Gewicht zusammen, und sie saust hinunter auf den Boden.
Im freien Fall versucht sie noch, irgendwelche Äste zu greifen, an denen sie vorbeisegelt, aber diese brechen ebenfalls. So entsteht regelrecht eine Schneise zwischen den Bäumen. Zum Glück geht der Sturz glimpflich aus: Nach ein paar Sekunden des Schreckens auf ihrem dicken Hintern sitzend, rennt Daisy aus dem Wald, schnappt sich die Hand des nächstbesten Kollegen und läuft mit ihm zurück ins Menschenaffenhaus. Sie zieht den Pfleger hinter sich her ohne anzuhalten, bis beide vor ihrem Gehege stehen.
Am nächsten Tag unternehmen wir einen zweiten Versuch, aber alle Überredungskünste helfen nichts. Daisy hatte die Nase voll vom hannoverschen Regenwald.

Vom Medizinmann, der mein Leben rettet

Wir schreiben das Jahr 1985. Ich befinde mich gerade in Südindien im Bundesstaat Madras, dem heutigen Tamil Nadu, und möchte das Melken von Giftschlangen erlernen. Es heißt wirklich melken, wenn man versucht, an das Gift der Schlangen zu kommen.

»Die weißen Zähne einer Monokelkobra sind so spitz wie Nadeln«, warnt mich Jandran eindringlich. Er ist mein Lehrer in »Schlangenkunde«. Jandran ist ein Irula, eine der ursprünglichen Ethnien und ärmsten Volksgruppen Indiens. »Die goldgelben Gifttropfen treten an der Zahnspitze aus. Wenn du die Giftdrüsen im Oberkiefer massierst, gibt die Kobra noch mehr Gift ab.« Jandran beherrscht die Handgriffe aus dem Effeff. Der Irula zeigt mir, wie es geht: Er spannt das Gummi eines Einmalhandschuhs über ein Glas. Dann läst Jandran die Kobra in das Gummi beißen. Die Schlange gibt nicht bei jedem Biss Gift ab. Deswegen helfen die »Melker« nach. Sie nehmen die Schlange in einen speziellen Griff, um mit Daumen und Zeigefinger an die beiden Giftdrüsen heranzukommen.

Mein Lehrer arbeitet auf einer Krokodil- und Schlangenfarm im Süden von Madras. Dort werden die Krokodile nicht zur Lederverarbeitung gezüchtet, sondern ausgewildert, um beispielsweise in Stauseen eine Rattenplage zu bekämpfen. Mit ihren Gängen und Bauten unterhöhlen Ratten die Dämme und machen sie brüchig.

Der australische Leiter dieser Krokodilfarm kam eines Tages auf die Idee, das Gift von Schlangen zu verwerten. Die Irulas

Mit sicherem Griff: Irulas beim Schlangenfangen.

Früh übt sich: Der Irula-Junge sollte sich beim Schlangenfangen keinen Fehler leisten.

jagen schon seit Generationen Schlangen, um deren Häute zu verkaufen. Als ein neues Naturschutzgesetz in Kraft trat und das Töten der Schlangen verboten wurde, verloren sie ihr Einkommen. In dieser Situation entwickelte sich die Idee, die Irulas weiterhin Schlangen jagen zu lassen. Aber nur unter der Auflage, die Tiere lebend in der Farm abzugeben. Dort werden sie dann gemolken, und das Gift wird verkauft. Der Gewinn geht an die Schlangenfänger und wird unter ihnen aufgeteilt.

Abnehmer der Farm sind Unternehmen der Pharmaindustrie. Die Firmen stellen aus dem Gift Medikamente und Serum gegen Schlangenbisse her. Das Gift der Kobra beispielsweise ist ein Nervengift. Außerdem beeinflusst es die Blutgerinnung, weil es Lecithinase enthält. Das ist ein Enzym, das wiederum gegen Viren wirksam ist.

Die Schlangen bleiben vier Wochen auf der Farm. In dieser Zeit werden sie dreimal gemolken, markiert und dann wieder in die Natur entlassen. Die Markierung hält sechs Monate, in denen die Schlangen nicht wieder von der Farm angenommen werden.

Von Jandran lerne ich nicht nur den Umgang mit den Schlangen auf der Farm, sondern ich gehe mit ihm auch jeden Morgen auf die Jagd. »Kobras können uns nur töten, wenn wir krank im Kopf sind.« Davon ist Jandran überzeugt. Damit meint der Irula nicht irgendeine psychische Erkrankung, sondern Stress, ein Krankheitsgefühl oder auch Ärger in der Familie. »Wenn uns so etwas beschäftigt, sind wir zu schwach, und das Gift der Schlange kann uns töten«, macht er mir seine Sichtweise klar.

Eines Tages stehe ich vor seiner Hütte und sage: »Komm, lass uns Schlangen suchen.« Doch er lehnt entschieden ab. Ich kann es zunächst nicht verstehen, es ist toll draußen, die Sonne geht gerade auf, also bestes Kobrawetter. »Warum denn nicht?«, frage ich ihn. «Solange du solche Fragen stellst, wirst du mit mir keine Schlangen fangen«, bekomme ich zur Antwort. Da begreife ich, dass er offenbar Ärger mit seiner Frau hat. Schon am nächsten Tag sind wir aber wieder wie gewohnt unterwegs.

Bis ich eines Tages plötzlich krank werde. Wie fast jeder Europäer, der sich längere Zeit in Indien aufhält, bekam auch ich heftigen Durchfall. Fast zwei Wochen lang habe ich alles versucht, um selbst damit fertig zu werden, dann waren meine Medikamente aufgebraucht

In meiner Not frage ich den Leiter der Krokodilfarm um Rat. »Hey, du bist doch jeden Tag mit Jandran unterwegs«, meint der Chef. »Frag ihn! Er ist der Medizinmann der Irulas.« Also gehe ich zu Jandran und schildere ihm mein Problem. Er schickt mich gleich zurück in meine Unterkunft. Dort soll ich auf ihn warten. Nach einer Stunde erscheint er in meiner Bambushütte und bringt eine alte, verkorkte Cola-Flasche mit, die eine milchige Flüssigkeit enthält. Die soll ich trinken. Und zwar austrinken.

Beim Öffnen zischt es, als ob ich eine Bierflasche öffne. Auf meine Frage, was denn drin sei, antwortete er »Tamilwater« (Tamilwasser). Im ersten Moment schmeckt es wie Benzin. Er sieht meinen angewiderten Gesichtsausdruck und befiehlt:

»Auf ex!« Als braver Schüler will ich nicht widersprechen und leere die Flasche in einem Zug.

Von diesem Augenblick an hatte ich keinen Durchfall mehr. Während meines gesamten restlichen einjährigen Aufenthalts in Asien zog ich mir eine derartige Erkrankung nicht wieder zu. Zurück in Deutschland, ging ich zum Check-up ins Tropeninstitut in Hamburg. Dort wurde festgestellt, dass mein Blut Antikörper gegen Amöbenruhr aufweist. Also hatte ich in Indien diese gefährliche Krankheit durchgemacht und überlebt. Tausend Dank an Jandran, meinen Medizinmann!

Aber auch mein Schlangenlehrer kam eines Tages mit einer Bitte zu mir in meine Bambushütte. Zunächst stand er schüchtern in der Tür und druckste herum. Erst als ich nachfragte, was er auf dem Herzen habe, rückte Jandran mit seinem Wunsch heraus: Er habe gesehen, dass ich wasserdichte Pflaster besitze, und ob ich ihm davon einige abgeben könne. »Du, als Medizinmann, möchtest Pflaster von mir? Helfen da keine Blätter oder Kräuter?«, forschte ich doch etwas verwundert nach. »Doch, doch, so etwas nehme ich auch, aber ich habe eine offene Wunde am Finger«, entschuldigte er sich fast. Und da er noch zum Melken auf die Farm müsse, habe er Sorge, dass das Gift in die Wunde gelangen und ihn so töten könne. Die Kräuter des Medizinmanns würden in diesem Fall nicht helfen. »Na, Ärger zu Hause mit dem ›Chef‹ «, dachte ich bei mir, und gebe ihm die gewünschten Pflaster. Freudestrahlend verließ er meine Hütte.

Monokelkobra (Naja kaouthia)

Körperlänge: bis 2,30 m

Verbreitung: Südliches Asien

Besonderheit: Bei den Schlangenbeschwörern tanzen die Tiere nicht nach den Tönen, sondern nach der Bewegung der Flöte. Schlangen sind nämlich taub.

Auf dem Schild der Kobra ist das namensgebende Monokel deutlich zu erkennen.

Wie ein Tierpfleger sein Gegenüber in die Knie zwingt

Eigentlich halte ich mich stets zurück, wenn jemand vor mir steht, der einen Kopf größer ist als ich und mit seinen Muskeln spielt. Die Oberschenkel meines Gegenübers sehen aus wie die eines Fußballspielers, sein Oberkörper ist gut bepackt, und die Oberarme sind kräftig wie die eines Holzfällers. Er versucht mir abwechselnd mal mit der rechten und mal mit der linken Hand einen Stoß zu versetzen. Den Schlägen kann ich gut ausweichen, und so landet er keinen Treffer.

Wie ich ihn so beobachte, erkenne ich meinen Vorteil: Es ist die größere Reichweite meiner Arme. Nun bedarf es meines ganzen

Eine glückliche (Känguru-) Familie.

Mutes, um selbst die Initiative zu ergreifen. Plötzlich und für ihn völlig überraschend greife ich mit meiner rechten Hand seine Linke und gehe in die Hocke. Da ich ihn festhalte, muss auch er in die Kniebeuge. Nun sitzen wir uns gegenüber. Auf »allen dreien« krieche ich rückwärts, denn meine zweite Hand fixiert die Hand meines Gegenübers. Erst nach vier Metern gebe ich die Hand frei. Sofort richtet sich mein Kontrahent wieder auf. Ich springe zurück und werfe die Tür erleichtert zu. Gerettet.
Wer mir gegenüberstand? Ein Rotes Riesenkänguru. Bei Kämpfen mit Rivalen stellen sich die Männchen dieser Gattung auf die

Nicht im Angriffsmodus: Clay, der Rote Riesenkänguru-Mann, sitzt noch entspannt in der Hocke.

Zehenspitzen und stützen sich auf ihren Schwanz. Dann versucht jeder der beiden Nebenbuhler, den anderen festzuhalten. Ist dies geschafft, treten sie dem Gegner mit ihren kräftigen Beinen in den Bauch oder gegen die Brust. Der Unterlegene flieht. In der Hocke ist jeder Kängurumann entwaffnet, weil er nicht mehr zutreten kann.

In jenem Jahr hatten wir nur fünf Känguruweibchen, bis ausgerechnet Clay kam, besagtes Rotes Riesenkänguru. Unser Inspektor, der für Tiereinkäufe zuständig war, sagte uns, er habe ihn günstig bekommen. Diese Auskunft hätte uns Tierpfleger schon stutzig machen müssen.

Denn das Verhalten von Clay war anders als das anderer Kängurumänner. Er wich uns nicht aus, wenn wir das Gehege betraten. Er zeigte keinen Respekt vor uns Pflegern. Ganz im Gegenteil: Er baute sich sofort zu voller Größe auf, wenn er uns nur sah. Als wir nach einiger Zeit nachfragten, wo denn dieses Tier herkomme, erfuhren wir, dass Clay zuvor in einem Zirkus gelebt hatte. Da war uns alles klar.

Wir hatten schließlich einmal auf dem hannoverschen Schützenplatz in einem Zirkus eine Nummer mit einem Clown und einem Känguru gesehen. Das Tier trug Boxhandschuhe und bewegte seine »Hände« in Richtung des Clowns, der spektakulär zu Boden ging. Das Känguru hat den Clown nicht mit den Füßen getreten, weil es seinen Rivalen wegen der Handschuhe nicht festhalten konnte, obwohl es dies immer wieder versucht hatte. Es sollte eben so aussehen, als würden die beiden miteinander boxen.

Alfred, der Revierleiter der Australien-Anlage, kennt diese Vorgeschichte noch nicht, als er zum ersten Mal auf Clay trifft. Am Abend will er den Kängurumann wieder einsperren, da richtet das Tier sich vor ihm auf. Daraufhin versucht der Tierpfleger, das Känguru ein wenig zu bedrängen, um es dazu zu bewegen, zurück ins Haus zu hüpfen. Doch Clay packt den Pfleger

bei den Schultern und tritt mit beiden Beinen zu. Zum Glück trifft er nicht Alfreds Bauch. Beide Füße landen in dessen Latzhose und verfangen sich darin, so dass die Träger reißen. Nun steht der Kollege mit herabgelassener Hose im Außengehege. Man sieht seine schöne gestreifte Boxershorts und die behaarten Beine. Die Besucher vor dem Gehege applaudieren. Ihnen gefällt diese unfreiwillige Showeinlage im Gegensatz zu Alfred außerordentlich gut.
Clay wurde 15 Jahre alt, was für diese Tierart ein ungewöhnlich hohes Alter ist. Er wurde mehrfach Vater und hat somit wesentlich zur Erhaltung seiner Art beigetragen. Meine Einsperrtechnik, ihn am Arm zu greifen und in der Hocke ins Haus zu ziehen, blieb bis zum Schluss immer gleich.

Rotes Riesenkänguru (Macropus rufus)

Kopfrumpflänge:	bis 1,60 m
Gewicht:	55–90 kg
Verbreitung:	Australien
Besonderheit:	Kängurus können nicht rückwärtsgehen. Bei der Geburt sind sie nicht größer als ein Gummibärchen und klettern selbstständig in den Beutel. Kängurumütter können gleichzeitig zwei verschieden alte Jungtiere in ihrem Beutel aufziehen, mit entsprechend unterschiedlich nahrhaften Milchsorten.

Zwischen Theorie & Praxis: »Das kann auch mal tödlich ausgehen!«

»Wenn ein Tierpfleger die Rangordnung in einem Gehege nicht kennt oder nicht akzeptiert, dann ist das nicht ungefährlich. Das kann auch mal tödlich ausgehen!«, erklärt der Professor seinen Studenten. Die Gruppe befindet sich vor der Afrikasteppe, gleich hinter dem Zoo-Eingang, wo auch die bunten Aras auf ihren Stangen zu sehen sind. Wie immer steht der Professor mit dem Rücken zur Anlage, damit die Studenten ihn und gleichzeitig auch die Tiere im Gehege angucken können. Sein Thema ist die »Rangordnung in einer gemischten Tieranlage«.

Professor Lothar Dittrich, damals Direktor des hannoverschen Zoos, beginnt seinen Vortrag mit den rangniedrigsten Tieren. Das sind die Sporergänse, die ihren Namen von den Hornsporen an den Schwingen haben, mit denen sie sich verteidigen, falls ihnen jemand zu nahe kommt. Danach kommen die Dorkasgazellen in der Rangordnung. Diese springen mit allen Vieren in die Luft, um sich der Gefahr durch andere zu entziehen. Die Impalas suchen die Sicherheit in der Gruppe. Das heißt, sie sind immer in einer Herde unterwegs.

Die Hartebeest, eine Kuhantilopenart, verteidigen sich, in dem sie auf die Knie gehen und mit dem Gehörn forkeln. Die nächsten in der Rangordnung sind die Zebras, die wie Pferde nach hinten zur Verteidigung ausschlagen. Strauße treten auch, aber im Gegensatz zu Pferden und Zebras nach vorn. Die Ranghöchsten in diesem Gehege sind die Elenantilopen, die ihr Gehörn nach unten richten und damit alles wegschieben, was sich ihnen in den Weg stellt.

Eland-Mutter mit Jungtier.

Die unterschiedlichen Verteidigungsarten sind wichtig für ein Zusammenleben im Gehege. Keiner kämpft mit der Technik der anderen und hat deshalb Respekt vor der anderen Gattung. Da jede dieser Strategien aber auch gegenüber den Pflegern angewendet wird, müssen die ranghohen Männchen zunächst in

die Häuser gesperrt werden, bevor die Anlage von Menschen betreten werden kann.
Dies ist gerade auch das Thema des Chefs. Er erläutert, wie gefährlich es ist, wenn ein Elenbulle einen Menschen attackiert. In diesem Augenblick betritt Monika, eine Tierpflegerin, das Gehege hinter ihm. Sie bemerkt den Professor und seine Studenten vor der Absperrung nicht. Um den Bullen Horst ins Haus zu sperren, öffnet sie die Tür zum Stall. Die Elenantilope steckt den Kopf hinein und bleibt mit den Vorderhufen auf der Schwelle stehen. Kein Zureden hilft, Horst geht keinen Schritt weiter.
Nun nimmt Monika ihre Hände, legt sie auf den Hintern des Tieres und versucht, den Elenbullen ins Innere des Stalls zu schieben. Das klappt ebenfalls nicht. Deshalb probiert sie, Horst mit ihrer Schulter vorwärts zu drücken. Keine Chance. Auch als sie das Tier zwickt und in den Rücken kneift, hilft das gar nichts. Horst steht wie angewurzelt. Er hebt den Kopf, schließt die Augen und genießt offensichtlich die »Rückenmassage«.
Ausgerechnet in diesem Moment fällt wieder der Satz von Professor Dittrich: »Das kann auch mal tödlich ausgehen!« Da können sich die Studenten das Lachen nicht mehr verkneifen. Der damalige Zoo-Direktor dreht sich um und sieht, wie Monika halb auf dem Bullen liegt, um ihn endlich dazu zu bewegen, ins Haus zu trotten. Nun bemerkt auch die Tierpflegerin den Chef und hört sofort damit auf, sich mit dem Elenbullen abzumühen. Horst wirft einen kurzen Blick nach hinten und trottet dann ganz entspannt in den Stall.

Elenantilope (Taurotragus oryx), auch Eland genannt

Körperlänge:	2–3 m, Schulterhöhe 1,50 m
Gewicht:	bis 500–900 kg
Verbreitung:	Ost-, Zentral- und Südafrika
Besonderheit:	Elenantilopen können trotz ihres Gewichts bis zu 70 Stundenkilometer schnell laufen.

Warum ich »Mawas« im Regenwald suche

Ich stehe auf dem Busbahnhof in Medan in Nord-Sumatra. Wir schreiben das Jahr 1979, und ich versuche gerade, einen Teil meines Wunsches zu verwirklichen, einmal alle Arten von Menschenaffen in freier Wildbahn zu sehen. Es ist warm und staubig. Auf dem großen Platz befinden sich viele Menschen und noch mehr Gepäck. Dazu noch ein paar »fliegende Händler«, die Gegenstände des täglichen Lebens verkaufen. Dazwischen Schubkarren mit großen Fahrradrädern, zur Garküche umgebaut. Verkauft werden Fleischspieße mit Erdnusssauce, Gebackenes und farbige Getränke, in Plastiktüten mit Strohhalm angeboten. Ein Händler bietet sogar gegrillte Heuschrecken an.

Der Busbahnhof in Medan ist lediglich ein großer Platz. Ab und zu kommen bunt bemalte Kleinbusse angefahren. Die Menschen strömen hin, drängeln sich in den Bus, und das Gepäck wird auf das Dach gehievt. Hühner dürfen mit in den Bus, aber nur auf dem Schoß mitfahren. Der Beifahrer ruft noch Städtenamen aus, und dann geht die Fahrt wieder los.

Ich will den Bus nach Bohorok nicht verpassen. Dort befindet sich eine Orang-Utan-Station, in der die Tiere in der Natur zu erleben sind. Busnummern gibt es nicht, einen Fahrplan auch nicht, Bushaltestellen erst recht nicht.

Mit meiner hellen Hautfarbe werde ich schnell als Tourist ausgemacht. Die wartenden Menschen versammeln sich rasch in einer Traube um mich. Einige sprechen auch etwas Englisch. Sie übersetzen die Fragen der Einheimischen. Unter anderem

wollen sie wissen: »Wo möchtest du hin?« »Ich möchte nach Bohorok, um Orangs zu sehen«, erzähle ich ihnen.
Doch alle Umstehenden sind sich einig: In Bohorok gibt es keine Orang-Utans. Sie nennen mir zwei andere Orte, wo Orangs leben sollen. Ich aber wiederhole meinen Wunsch, nach Bohorok zu fahren, weil es dort eine Auswilderungsstation geben soll. Ein Mann versichert mir, dass es dort bestimmt keine Orang-Utans gebe. Er komme aus dem Dorf.
Daraufhin hole ich Bilder aus der Tasche, auf denen ich mit Affen des Zoos zu sehen bin. Fotos, auf denen man mich im Spiel mit fast ausgewachsenen Orangs sieht und auch eines mit Timo, einem eineinhalb Jahre alten Orang-Utan-Baby. Die Bilder machen die Runde, fast 80 Menschen stehen um mich herum. »Werde ich meine Fotos jemals wiedersehen?«, frage ich mich. Die Leute schauen sich die Fotos an und sagen plötzlich »Mawas.« »Mawas?«, frage ich irritiert zurück. Dann erklärt mir einer, dass ich nicht Orang-Utans besuchen wolle, sondern »Mawas.«
Menschen, die als Eingeborene im Regenwald leben, werden Orang-Utans genannt. Im Indonesischen heißt Orang Mensch und Utan Wald. Orang-Utans sind also Menschen des Waldes. Das lerne ich aber erst später.
Dann höre ich zu meiner Beruhigung, dass es die Affen in den Wäldern um Bohorok doch gebe. Der Bus sei so gegen 13 Uhr da, man würde mir rechtzeitig Bescheid geben. Irgendwann bekomme ich auch alle Bilder zurück. Ich warte weitere drei Stunden. Die Zeit geht aber schnell vorbei. Mal kommen Händler, mal Kinder, die ihr Englisch ausprobieren wollen. Dann wiederum werde ich neuen Reisenden vorgestellt – alles Einheimische.
Gegen 14 Uhr trifft der Bus endlich ein. Geschrei und Gedränge sind groß, doch auf einmal wird es ruhiger, und alle bleiben stehen. Sie holen mich heran, werfen meinen Rucksack auf den Bus, geben mir den besten Platz am Fenster, und – wie nach einem Startschuss – geht das Gedränge sofort wieder los. Viel

Babyturnen mit dem frisch gewickelten Pepe.

Ellbogeneinsatz, aber irgendwie haben es wohl alle in den Bus geschafft.

Über dem Fahrer hängt ein Schild: »Ich bin blind, Gott sieht alles.« Mir wird sehr schnell klar, dass dieses Schild nicht ohne Grund über dem Steuerrad hängt. Es beschreibt den Fahrstil ziemlich gut. Nach sechs Stunden, vier davon auf Sandpisten, erreichen wir unser Ziel, und ich bin heilfroh, am Ende bei Einheimischen übernachten zu können.

Am nächsten Morgen mache ich einen zweistündigen Fußmarsch durch den Regenwald. Es ist warm, feucht, und die Wege sind schlammig. Endlich stehe ich an einem Flusslauf, am gegenüberliegenden Ufer der Auswilderungsstation für Orang-Utans. Ein Mitarbeiter kommt mit einem Einbaum herüber und bringt mich über den Fluss.

Die Rehabilitationsstation Bohorok hat es sich zur Aufgabe gemacht, beschlagnahmte Orangs wieder an das Leben im Urwald zu gewöhnen. Die Tiere kommen von Tierhändlern oder Einheimischen, die sich »Mawas« meistens zu Hause halten. Auf der Anlage stehen einige Käfige herum, aus denen lange, dünne Arme gestreckt werden. Die Gesichter der Tiere schauen traurig aus, so dass man sie am liebsten trösten möchte. Doch schon tönt eine Stimme: »Nicht anfassen!« Der Kontakt zu Menschen wird so gering wie möglich gehalten, da man die Affen ja wieder ausgewöhnen will.

Dann ist ein Rundgang vorgesehen. Wir gehen auf schmalen Urwaldpfaden und sehen ab und zu Orangs, die schon vor längerer Zeit ausgewildert wurden. Sie hängen halbhoch in den Bäumen. Mein Begleiter erkennt sie, und die Tiere erkennen ihn. Plötzlich sehen wir hoch oben im Baum eine Orang-Utan-Dame mit einem Baby, ungefähr so alt wie unser Timo im Zoo Hannover. Wir können die beiden lange beobachten. Schließlich geht es zurück zur Station, wieder über den Fluss und dann auf den langen Rückmarsch zu meinem Quartier.

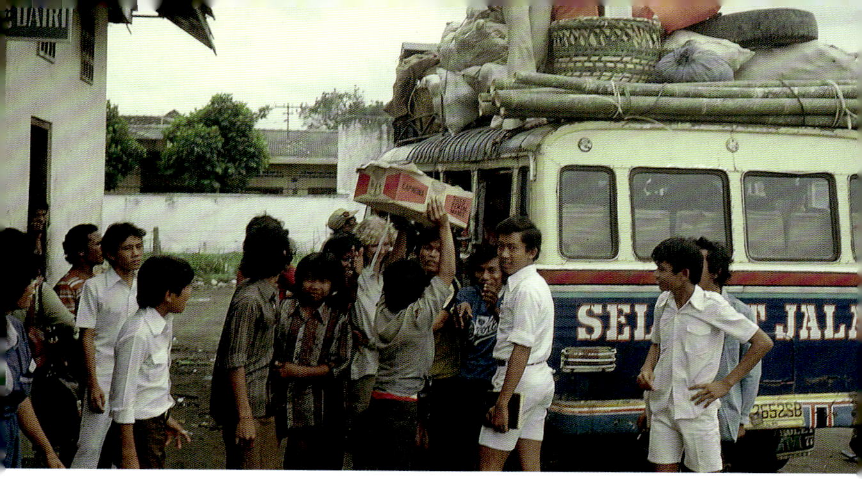

Chaotische Zustände am Busbahnhof von Medan.

Am Abend kann ich im Gästehaus einfach nicht einschlafen. Es sind nicht die Schwärme von Mücken und auch nicht der Lärm des Regenwaldes, die mich nicht zur Ruhe kommen lassen. Der Regenwald ist in der Nacht alles andere als ruhig: Viele Kleintiere wie Grillen, Geckos und Baumfrösche machen »Eine kleine Nachtmusik«. Ich aber bin in Gedanken weit weg, daheim im Zoo. Dort habe ich einmal gemeinsam mit drei Kollegen einen Affen groß gezogen, der von seiner Mutter verstoßen worden war. Wir vermuten, dass auch sie ein Flaschenkind gewesen ist. Sie hatte nie gelernt, Nachwuchs großzuziehen.
Hier sehe ich nun ein Tier, genauso alt wie unser Timo, in seiner natürlichen Umgebung, im Regenwald. Zweifel überkommen mich, und ich beginne, meinen Beruf als Tierpfleger in Frage zu stellen. »Ist es richtig, in einem Zoo zu arbeiten und dort Affen großzuziehen, um sie den Besuchern zu zeigen, fernab vom Regenwald, ihrer natürlichen Lebenswelt?« Eine Antwort habe ich in dieser Nacht nicht gefunden. Nach und nach wird mir aber klar, dass ich einen Beruf mit viel Verantwortung gewählt habe, den ich so gut wie nur möglich ausüben möchte. Immerhin habe ich die Möglichkeit, den Zootieren das Leben in menschlicher Obhut so angenehm wie möglich zu machen.

Seit vielen Jahren weigern sich Zoos, Tiere aus freier Wildbahn aufzunehmen. Die Tiergärten züchten die Tiere und führen darüber genau Buch. Dort, wo die Natur wieder in Ordnung gekommen ist, werden nachgezüchtete Tiere ausgewildert. Die Tiere, die im Zoo leben, müssen also so gut wie möglich gepflegt werden: von Tierpflegern, die ihre Arbeit und ihre Tiere lieben! Zum Glück habe ich fast nur solche Berufskollegen kennengelernt. Tierpfleger, denen der Umgang mit ihren Zöglingen nicht am Herzen liegt, verlassen den Beruf schnell wieder. Wir müssen die Tierarten in den Zoos erhalten, damit sie den Besuchern näher gebracht werden: als Botschafter ihrer Art und des Biotops, in dem sie überlebensfähig sind. Nicht alle Menschen haben die Möglichkeit, die Tiere in freier Wildbahn zu erleben.
Schützen und bewahren lässt sich nur, was man kennt und was einem wichtig ist, und sei es auch »nur« in einem Zoo. Vieles, was wir heute über wilde Tiere wissen, sind Erkenntnisse, die in Zoos gemacht wurden, beispielsweise durch Beobachtungen von Wissenschaftlern.

Ein Nachwort: Zehn Jahre später, ich arbeitete gerade im Zoo von Singapur, besuchte ich Bohorok ein zweites Mal. Der Busbahnhof lag jetzt an der Hauptverkehrsader. Große Überlandbusse fuhren nach Fahrplan. Bereits nach zwei Stunden war ich im Orang-Utan-Zentrum. Man musste nicht mehr stundenlang durch den Regenwald gehen. Nun führte eine geteerte Straße bis zur Station. Der Einbaum war verschwunden. Und der Regenwald war nur noch so groß wie unsere Eilenriede. Es gab nur wenige ausgewilderte Tiere. Man konnte noch ein paar schöne Fotos machen. Schön, weil beim Fotografieren der Ton nicht mit aufgenommen wird: ein gleichmäßiges Rattern von Kettensägen, die rigoros Platz für neue Ölbaumplantagen machen. Aus den gewonnenen Rohstoffen stellt die Industrie Pflegeprodukte für uns Menschen her, auf Kosten der Tiere und der Natur.

Unser Watussikalb Bulli hat es faustdick hinter den Ohren.

»So was macht man nicht«: Ein Watussikalb räumt auf

Bevor er in die Gummistiefel steigt, wickelt er sich noch Scheuerlappen um die Füße. »Die wärmen viel besser als die dicken Socken«, sagt Robert. Nach dem Krieg war er aus seiner alten Heimat Ostpreußen vertrieben worden. Dort hatte er als Landwirt die Arbeit mit Rindern gelernt.

Robert ist Leiter des Rinderreviers. Auch zu ihm kommt jeden Morgen die »Runde« auf Visite. Die »Runde« besteht aus unseren Vorgesetzten. Heute sind es der stellvertretende Zoo-Direktor, der Tierarzt mit Assistenten und einem Praktikanten, zwei Kuratoren und noch ein Praktikant der Zoologie. Sie treffen uns beim Ausmisten des Bisonstalls. Robert berichtet, was gestern im Revier so anfiel. Danach teilt uns der stellvertretende Zoo-Direktor, unser Zoologe, die zusätzlichen Aufgaben mit, die er für den heutigen Tag für uns vorgesehen hat. Der Tierarzt wiederum will heute die Ohrmarke bei einem Watussikalb setzen. »Das können wir jetzt ja mal schnell machen«, sagt der Mediziner. »Ich habe die Ohrmarke schon dabei.«

Rindernachzuchten bekommen gelbe Ohrmarken. Sie dienen der amtlichen Kennzeichnung von Haus- und Nutztieren. Watussirinder sind Nutzrinder der afrikanischen Volksstämme der Massai und der Tutsi. In Afrika gibt es keine Ohrmarken, die gibt es nur bei uns und zwar wegen eines europäischen Gesetzes zur Registrierung der Tiere. Im Zoo, wo im Gehege alles wie in Afrika aussehen soll, mutet es seltsam an, afrikanische Rinder wie unser Kalb Bulli mit gelber Ohrmarke und schwarzer Nummer darauf zu sehen. Aber Gesetz ist nun mal Gesetz.

Die Vorgesetzten wollen zum Stall der Watussirinder schon mal vorgehen. Robert kommt etwas langsamer hinterher und sagt zu mir: »Jüngelchen, lauf' ruhig schon mit, ich komme gleich nach.« Das Gehege, in dem der kleine Bulle steht, ist ungefähr 500 Meter vom Bisonstall entfernt. Als ich ankomme, sind die Vorgesetzten bereits im Stall.

Noch bevor ich die Tür öffne, poltert es darin laut. Da sehe ich auch schon das Dilemma: Panik ist angesagt – Bulli steht mitten im Stall, und in jeder Ecke sitzt verschreckt ein Mitarbeiter. Oben auf der Stallabsperrung liegt bäuchlings der Zoologe, wie ein Leopard im Baum, mit allen vieren baumelnd. Der Tierarzt will rasch raus aus dem Stall, doch der Kurator hält die Tür zu, damit das Kalb nicht herauslaufen kann.

Da erscheint Robert, schüttelt den Kopf und sagt: »Na, Bulli, was hast du schon wieder gemacht? Man schlägt doch nicht sieben Vorgesetzte auf einmal in die Flucht!« Der Rinderpfleger stellt sich vor das Kalb und zwar so, dass der Kopf des Tieres an seinem Bauch anliegt. Nun legt er ihm die Arme um den Hals und streichelt das Kalb sanft. »Jetzt können Sie die Ohrmarke setzen«, sagt er zum Tierarzt. Bulli steht ganz still, genießt das Streicheln und lässt sich problemlos die Marke stechen.

»Na, Bulli, so etwas macht man doch nicht«, sagt Robert zu dem kleinen Bullen. Und zu seinen Vorgesetzten: »Vielleicht ist es beim nächsten Mal besser, wenn Sie warten, bis ich da bin.« Dann schlendert er langsam und lässig zurück zu seinen Bisons.

Watussirind (Bos taurus), auch Ankolerind genannt

Kopfrumpflänge:	200–260 cm, Schulterhöhe: bis 1,60 m
Gewicht:	300–500 kg
Verbreitung:	Östliches Zentralafrika
Besonderheit:	Die Spannweite der Hörner kann bis zu zwei Meter betragen. Watussirinder werden traditionell nicht geschlachtet, sondern hauptsächlich gemolken und zur Ader gelassen. Das Blut wird dann mit Milch vermischt getrunken.

Was muss, das muss: Kalb mit Ohrmarke.

Schöne Bescherung: Ein Zicklein an Heiligabend

Es begab sich zu der Zeit, als das Urwaldhaus mit den Menschenaffen gerade neu eröffnet war. Für einen Tierpfleger haben alle Tage des Jahres im Zoo ein ähnliches Gesicht. Gearbeitet wird stets von morgens bis abends. Es gibt lediglich zwei Ausnahmen: An Heiligabend und an Silvester ist schon um 14 Uhr Schluss.

Heute ist Heiligabend. Bei den Menschenaffen haben wir Jungtiere, die noch die Flasche bekommen. So dauert alles etwas länger, und ich schließe das Revier erst um 15 Uhr ab.

Sofort werde ich von einem jungen Paar angesprochen. »Ein Glück, dass Sie noch da sind!« Andersrum denke ich für mich: »Was machen die beiden bloß eine Stunde nach Schließung des Zoos noch hier?«

Ganz aufgeregt berichten sie mir, dass eine Ziege auf der Streichelwiese Probleme bei der Geburt habe. Bei ungefähr 1500 Tieren, die bei uns im Zoo leben, gibt es nur ganz selten einmal Probleme bei Geburten. Sofort gehe ich mit den beiden auf die Streichelwiese. Das ist ein Kontaktbereich, in dem Besucher die Möglichkeit haben, Haustiere anzufassen und zu füttern. Die Streichelwiese ist übrigens eine hannoversche Erfindung, die weltweit kopiert wurde. Unsere Wiese war ungefähr zwei Hektar groß und an einer Seite stand ein kleiner Holzstall, mit Stroh ausgelegt.

Das junge Paar führt mich direkt in den Stall. In der einen Ecke liegt Gertrud, eine Thüringer Waldziege. Das ist eine vom Aussterben bedrohte Haustierrasse. Gertrud ist mitten in der Geburt und hat wirklich Probleme. Das Pärchen hat das sehr gut erkannt.

Ende gut, alles gut: Die Thüringer Waldziege mit ihrem Zicklein.

Aus dem Muttertier schaut nur ein Vorderbein heraus. Bei einer normal verlaufenden Geburt sieht man beide Beine gleich weit herausschauen. Während die beiden auf das Tier aufpassen, versuche ich den Tierarzt zu erreichen. Ich probiere es per Telefon und gehe auch zu seiner Wohnung auf dem Zoogelände. Der Arzt ist aber an diesem Heiligen Abend nicht aufzufinden.

Zurück im Stall ist die Situation unverändert. Der Beruf des Tierpflegers beinhaltet viele Fachrichtungen wie Tierarzthelfer, Fensterputzer, Kanalreiniger, Tiermoderator, Tischler, Schlosser, Animateur, Koch, Verhaltensforscher usw. »Warum also nicht auch Hebamme?«, denke ich mir.

»Sie müssen die Ziege jetzt richtig festhalten«, sage ich zu dem jungen Paar. »Ich versuche, das Zicklein auf die Welt zu bringen.

Wenn wir nichts machen, sind beide Tiere am nächsten Morgen tot.« Aber so besteht zumindest die Chance, die Mutter zu retten. Für das Baby sieht es ohnehin nicht gut aus, weil die Geburt nach meinen Erfahrungen eigentlich schon zu lange dauert.
Zuerst versuche ich, das Kitz zurück in den Geburtskanal zu schieben. Dann angle ich mir mit den Fingerspitzen den zweiten Fuß, der sich quer gestellt hat. Ich richte ihn gerade aus und ziehe an beiden Füßen gleichzeitig. Nach ein paar Zentimetern ist jedoch Schluss. Die Geiß hat keine Kraft mehr, um bei der Geburt mitzuhelfen.
Daher versuchen wir zu zweit, gleichmäßig an den Füßen des Zickleins zu ziehen, während die Besucherin Gertrud festhält. Doch wir rutschen mit unseren Händen immer wieder an den glitschigen Füßen ab. Also legen wir Stricke aus Stroh um die Füße und ziehen weiter. Auf einmal ist schon die Nasenspitze zu sehen. Nur noch ein kleines Stück! Das Schwierigste ist geschafft, wenn erst einmal der Kopf draußen ist.
Das Zicklein rutscht ins Stroh. Bewegungslos liegt es auf dem Boden. Sofort wische ich den Schleim von Maul und Nase, immer noch keine Atmung und keine Bewegung. Nun schnappe ich mir das Kitz an den Hinterbeinen und halte es mit einer Hand in die Luft. Mit der anderen klopfe ich leicht auf den Brustkorb. Und auf einmal blökt das Baby. »Es lebt!«, schreit die Frau vor Begeisterung.
Wir drei hocken uns ins Stroh. Mit Tränen in den Augen schauen wir uns den neuen Erdenbewohner an. Nach einer Weile reiben wir das Neugeborene noch mit Stroh trocken. Die Mutter hilft uns dabei und leckt es ab. Wir bemerken gar nicht, dass ganz nebenbei der Stall immer voller wird. Die beiden Esel und die Kuh liegen im Stroh, ein paar Ziegen und Schafe stehen noch und schauen uns zu.
Draußen ist es dunkel geworden. Nur bei uns leuchtet eine kleine Deckenlampe. Wie lange wir drei da noch im Stroh gesessen

haben, mitten unter den Tieren, weiß ich nicht mehr. Irgendwann verließen wir den Stall. Ich brachte die Besucher zum Ausgang. Kurz bevor wir uns trennten, schauten wir uns noch einmal zum Stall um. Da fiel uns der wolkenfreie schwarze Himmel auf. Irgendwie leuchteten die Sterne an diesem Tag heller als sonst über dem Stall und über unserer Streichelwiese.

Am ersten Weihnachtstag war ich dann schon eine Stunde vor Dienstbeginn im Zoo, um nach den beiden Tieren zu schauen. Mutter und Tochter standen im Stroh. Das Kleine suchte den Weg zum Gesäuge. Alle wohlauf! Von dem jungen Paar, mit dem ich den Beginn der Heiligen Nacht verbrachte, habe ich – leider – nie wieder etwas gehört oder gesehen.

Thüringer Waldziege (Capra aegagrus hircus)

Körperlänge:	bis 85 cm
Gewicht:	bis 75 kg
Verbreitung:	begann um 1900 im Raum Thüringen
Besonderheit:	1980 gab es nur noch 120 Tiere. Die Ziegen werden auch in der Landschaftspflege eingesetzt.

Wir halten zusammen: Mit Teamwork machen wir das Unmögliche möglich

Der Zoo-Direktor, der Chefarzt des Kinderkrankenhauses, der Zoo-Tierarzt und der Revierleiter der Menschenaffen müssen eine schwere Entscheidung treffen. Sonja, unsere fünf Jahre alte Gorilladame, hatte über längere Zeit Durchfall. Alle Medikamente, die wir ihr gaben, brachten keine Besserung. Das Affenmädchen wurde immer schlapper. Weil die Zeit also drängte und es mit Sonja auf Messers Schneide stand, kamen alle Verantwortlichen sogar noch am Silvestermorgen zusammen.

Sonja war schon ganz blass. Ja, auch Gorillas können blass werden. Das ist an den Schleimhäuten im Mund zu erkennen, die dann nicht mehr rosig sind. Sonja trocknete langsam aus, hatte kaum noch Speichel, und wenn man die Haut am Arm hochzog, blieb die Hautfalte fast stehen.

Der Zoo-Tierarzt Dr. Hans-Peter Brandt versichert, alles versucht zu haben, was in der Tier- und Humanmedizin möglich sei. Aber nichts habe Sonja geholfen. Brandt mutmaßt, dass der Affe Schmerzen habe und zu leiden anfange. Es sei Zeit, Sonja zu erlösen.

Der Chefarzt des Kinderkrankenhauses auf der Bult, Dr. Joachim Hamann, der immer mit dabei war, wenn es um Krankheiten bei den Menschenaffen ging, sieht mit Blick auf »seine« Menschenkinder nur noch eine Möglichkeit. Ein Kind werde in einer solchen Situation wenigstens eine Woche lang künstlich ernährt, also Magen und Darm keine Nahrung mehr zugeführt. Dann gebe es eine kleine Chance, dass das Kind überlebe.

Der zoologische Direktor, Professor Dr. Lothar Dittrich, zeigt sich skeptisch. Bisher sei es noch niemandem auf der Welt gelungen, einen Gorilla ohne Beruhigungsmittel lange genug ruhig zu halten, um ihn per Infusion zu ernähren. Affen rissen sich die Infusionsschläuche raus. Sie seien zu stark, als dass man sie davon abhalten könne. »Ein Gorilla will toben und nicht eine Woche im Bett liegen«, erläutert der Zoo-Direktor. »Ihr Spiel- und Bewegungsdrang ist einfach zu groß. Und Beruhigungsmittel würden den kranken Magen und Darm nur weiter belasten.«

Als Letztes soll Dieter, der Revierleiter, seine Stellungnahme abgeben. Er schaut zu mir und sagt: »Detlef, heute ist Silvester. Was machst du heute Abend?« Ich antworte: »Bei mir zu Hause findet eine große Party statt. Ich habe alle meine Freunde eingeladen. Und was machst du, Dieter?« Seine Antwort kommt genauso prompt: »Meine Familie ist heute zum ersten Mal in diesem Jahr zusammen. Weihnachten konnte mein Sohn nicht kommen.«

Dieter schaut mir in die Augen und fragt: „Von wann bis wann gehst du am Abend nach Hause?« Ich biete ihm an: »Zwischen 18 und 19 Uhr lasse ich meine Freunde rein und zeige ihnen, wo Essen und Trinken stehen.« »Okay«, lässt sich Dieter darauf ein. »Dann gehe ich von 19 bis 20 Uhr nach Hause, um meine Familie zu begrüßen. Danach kümmern wir uns gemeinsam um Sonja.« Wir blicken zu unseren Vorgesetzten. Der Kinderchefarzt sieht uns an und sagt: »Ich bin immer da, wenn ihr mich braucht. Außerdem habe ich eine Kollegin mit mir in Rufbereitschaft, die für Affen alles tun würde.« Der damalige Zoo-Direktor gibt noch zu bedenken: »Bis jetzt war es unmöglich, einen Menschenaffen ohne Medikamente über einen längeren Zeitraum ruhigzustellen.« Doch wir sind entschlossen, es wenigstens zu versuchen.

Der Tierarzt räumt seinen Raum auf der Quarantänestation, so dass wir dort ein Krankenzimmer einrichten können. Aus dem

Eine außergewöhnliche Persönlichkeit: Gorilladame Sonja.

Kinderkrankenhaus bekommen wir ein Bett. Wir organisieren ein Telefon, weil es zu dieser Zeit noch keine Handys gibt. Wir besorgen alles, was wir für die Pflege des Tieres brauchen, auch noch ein Radio und einen Fernseher. Und die Ärztin aus dem Kinderkrankenhaus bringt die Medikamente.

Mit Windeln gewickelt, liegt Sonja zwei Stunden später im Krankenzimmer. Der Kinderchefarzt und seine Kollegin legen die Infusion an der Beinvene an. Damit ist alles getan, und wir müssen abwarten, wie sich Sonja verhält. So verbringen Dieter und ich die Silvesternacht.

Zehn Minuten vor Mitternacht kommt der stellvertretende Zoo-Direktor, Dr. Wolf Everts, mit einer Flasche Sekt und drei Gläsern und will mit uns anstoßen. Dieter begrüßt ihn erstaunt: »Sie sind doch gerade in eine neue Wohnung gezogen. Außerdem vor sechs Monaten Vater geworden. Das ist das erste Silvester mit Ihrem Sohn!« Doch Everts, der später Zoo-Direktor in Osnabrück wird, reagiert ziemlich trocken: »Ich werde wohl mein ganzes Leben lang nie mehr die Chance haben, zu Silvester mit euch beiden und einem Gorilla anzustoßen.«

Die Nacht verläuft ruhig, und wir machen einen Plan, wer wann im Revier arbeitet und wer sich um Sonja kümmert.

Sonja liegt insgesamt 14 Tage am Tropf. Die gesamte Belegschaft des Zoos nimmt daran Anteil: Handwerker, Gärtner, Verwaltungsangestellte und natürlich auch alle Tierpfleger aus allen Revieren lösen sich gegenseitig ab und übernehmen bei Bedarf eine Wache bei dem Gorillaweibchen. Sonja überlebt die Krankheit.

Sie ist eine prächtige Affenmutter geworden und hat mehrere Babys zur Welt gebracht. Ihr Zutrauen zu uns Pflegern war so groß, dass wir zu jeder Zeit ins Gehege kommen konnten. Nach der Geburt ihres ersten Babys vertraute sie uns ihr Junges an, um die Nabelschnur durchzuschneiden. Und Sonja schaute uns dabei zu.

Detlef Busse im Gespräch mit Maren Lachmund

Hältst du Zoos eigentlich noch für zeitgemäß?
Ja, auf jeden Fall. Denk nur mal an den Bereich der Nachzuchten: Zoos sichern das Überleben aussterbender Arten und Rassen. Oder nehmen wir die klassische Wissensvermittlung. Was Kinder – aber auch Erwachsene – in einem Zoo über Tiere lernen, ist einzigartig. Das vermittelt keine Safari-Tour und keine Schule.

Detlef, erklär mal, wie ihr das in der Show macht!
Gern. In unseren Tiershows suchen wir zum Beispiel immer Kinder aus dem Publikum, damit sie sich auf den Boden setzen und

Kinder »begreifen« eine Schlange in der Showarena.

wir ihnen eine Riesenschlange auf die Beine legen können. Die Kids spüren, wie die Schlange sich über ihre Beine bewegt und dürfen sie sogar anfassen. Dabei haben sie aufmerksame, aufgeregte und glückliche Gesichter. Bei dieser Begegnung erleben und begreifen die Kinder eine Schlange im Wortsinn. Diese fünf Minuten bleiben ein Leben lang im Kopf. Wenn die Kinder später Erwachsene sind und in ihrem Garten eine einheimische Schlange finden, werden sie diese wahrscheinlich nicht mit einer Schaufel erschlagen. Eher werden sie ihre eigenen Kinder holen, ihnen das Tier zeigen und von ihren Erlebnissen im Zoo von damals erzählen. Besseren Tierschutz kann es kaum geben.

Also passen Tiershows in einen wissenschaftlichen Zoo?

Unbedingt! Man denkt bei dem Wort Show schnell an Veranstaltungen, in denen Seelöwen durch Feuerreifen springen oder Menschenaffen Kleidung tragen. Solche Zirkusnummern

Eine Fuchsmanguste jagt Plastikskorpion im »Biologieunterricht«.

gibt es bei uns nicht. Uns kommt es stattdessen darauf an, das natürliche Verhalten der Tiere zu zeigen und zusätzlich die Biologie und das dazugehörige Biotop zu erklären. Eine Tiershow ist nichts anderes als naturnaher Biologieunterricht. Doch wenn am Eingang »Biologieunterricht für Groß und Klein« angekündigt würde, stünden wir vielleicht allein in der Arena. Aber an besucherreichen Tagen haben wir in den verschiedenen Vorführungen bis zu 1000 Zuschauer pro Vorstellung. Da wird jeder Biologielehrer neidisch, der Klassen von 30 Schülern hat. Alleine der Erlebnis-Zoo Hannover hat schon eine Million Besucher pro Jahr, die sich zumindest eine Tierpräsentation anschauen. Ob man das dann Tiershow, Vorführung, kommentierte Fütterung oder Keepers Talk nennt, ist egal. Das Ziel der Mitarbeiter ist es, die Besucher für Natur und Tiere zu begeistern.

Das würde ich gern können: Stress einfach abschütteln ...

Wie schaffst du es herauszufinden, welche besonderen Fähigkeiten ein Tier hat? Und wie machst du daraus eine Show?
Zunächst beobachte ich das Tier sehr genau, vor allem beim Spielen und beim Fressen. So finde ich heraus, welche Veranlagungen es mitbringt. Außerdem lese ich mir Wissen über die jeweilige Art an. Mir ist es wichtig, auf der Bühne nur das zu zeigen, was auch der Biologie des Tieres entspricht. Die Natur ist die Show! Bei uns knacken Papageien und Besucher Nüsse um die Wette oder Nasenbären klettern an Baumstämmen rauf und runter, während sie dabei Futter unter der Rinde suchen. Ich habe keinem Adler das Fliegen gezeigt – ich habe ihnen nur beigebracht, zurückzukommen!

Bitten dich Freunde oder Bekannte eigentlich oft um Hilfe, weil zum Beispiel ihr Hund nicht hört?
Das kommt tatsächlich vor, ich helfe immer gern! Nicht nur, wenn der Hund nicht hört, sondern auch bei allen anderen Nöten. Egal ob die Schlange keine Eier legt, der Leguan nicht mehr fressen will – ich bin ja Berater für alle tierischen Angelegenheiten. Und nicht nur das: Oft werde ich auch gefragt, wenn

es mal wieder Stress mit dem Partner gibt. Weil ich mich mit dem Instinkt der Tiere so gut auskenne, da muss ich doch auch Männer verstehen!

Du bist immer fröhlich, total kreativ und voller Energie. Woher nimmst du deine Motivation?

Von meiner Grundeinstellung her bin ich ein positiver Mensch und genieße das Leben in all seinen Facetten. Ich bin nicht nur von Tieren, sondern auch von Menschen fasziniert. Ich habe das große Glück gehabt, in den letzten Jahren unfassbar viele tolle Persönlichkeiten zu treffen. Allein das Lächeln eines anderen gibt mir unheimlich viel zurück.

Was kann der Mensch von den Tieren lernen?

Tiere nehmen Menschen so an, wie sie sind. Wir können sehr viel von ihnen lernen, wenn wir wollen. Ich habe mir zum Beispiel das genüssliche Rückenschubbern von den Grizzlybären abgeschaut. Ich habe auch gelernt, genauer zu beobachten und zu spüren, wenn ein Lebewesen vor mir steht. Tiere sprechen anders als wir. Zum Teil haben sie so gut wie keine Mimik, wie zum Beispiel Schlangen und Delphine. Da ist es wichtig, die Energie zu spüren. Wir reden oft vom Bauchgefühl, das ist aber eher ein Hautgefühl. Unsere Haut besteht aus unzähligen Tastkörpern und Tasthaaren am gesamten Körper, die Signale senden. Diese empfangenen Signale müssen wir nur zulassen und unserem Instinkt folgen. Leider trifft man immer wieder Menschen, die das verlernt und an dieser Stelle zu viel »Hornhaut« haben.

Gibt es noch ein Verhalten, das du gern von den Tieren lernen möchtest?

Ja, das »Stress abschütteln«. Hunde, die in eine Streitigkeit oder sogar in eine Beißerei geraten, schütteln sich danach, und der ganze Stress ist abgeworfen.

Was bleibt nach über 40 Jahren Arbeit als Tierpfleger?
Ein tolles Gefühl. Ich durfte an etlichen Veränderungen in der Zoologie teilnehmen, habe unglaublich viel von der Welt, von der Biologie und natürlich auch von den Menschen gesehen. Und von den Tieren: Zu Beginn meiner Ausbildungszeit Anfang der 1970er Jahre gab es noch die letzten großen Tiertransporte des Tierhändlers Ruhe, der seinerzeit den hannoverschen Zoo betrieb. Wir Tierpfleger durften und mussten noch zu Menschenaffen und Bären in die Gehege gehen. Direkter Kontakt zu gefährlichen Tieren ist inzwischen von der Berufsgenossenschaft verboten. Durch diesen direkten Kontakt hat man aber am meisten gelernt. Der Wandel von einem zoologischen Garten in einen Erlebniszoo – das waren schon spannende Jahre!

Das Gespräch führte Maren Lachmund im April 2018.

Anstelle eines Nachworts:
Ich hoffe, dass ihr Zeit zum Schmunzeln gehabt habt. Das Buch darf man gern ein zweites Mal lesen. Ich wünsche euch viel Spaß dabei. Ihr könnt mir glauben, dass ich Freude hatte, diese Geschichten für euch aufzuschreiben.

Euer Detlef (www.zootiertrainer.de)

Quellennachweis: Die Informationen zur Zoologie der Tiere am Ende der Geschichten habe ich **Wikipedia** entnommen.

Ich wollte noch mal Danke sagen

Meiner Frau Angelika, die immer wusste, dass ich auch mit dem Zoo verheiratet war.

Dem Verein Zoofreunde Hannover, deren Mitglieder mich motiviert haben, die erlebten Geschichten aufzuschreiben. Allen, die zu diesem Buch beigetragen haben: Angela Kruth, Dieter Drießlein, Dieter Schulte, Klaus Meyer, Prof. Lothar Dittrich, Lothar Askani, Walter Krause und allen Kollegen, die ich in dieser Zeit kennenlernen durfte. Allen Fotografen für ihre phantastischen Tierbilder: Bettina Zeller, Catharina Cordes, Marianne Laws, Frank Wilde und Tanja Askani (mit ihren Wölfen).

Allen, die mich beim Schreiben dieses Textes unterstützt haben: Dirk Lehnhoff, Ina Albert, Karin Müller und Maren Lachmund.

Allen, die es ermöglicht haben, dass dieses Buch veröffentlicht wird: vor allem Sandhya Wilde-Gupta und Nicole Hackmann.

Ich danke allen Besuchern des Zoos, die gern mein Lächeln erwiderten.

Ein besonderer Dank geht an all die Tiere, mit denen ich mich beschäftigen durfte. Von euch habe ich viel gelernt. Ihr habt aus mir den Menschen gemacht, der ich heute bin. **– DANKE!**

Abbildungsnachweise:

Tanja Askani:	Titel, S. 31, 153.
Detlef Busse:	S. 24, 27, 36, 68, 70, 75, 93, 100, 108/109, 123, 124, 127, 140.
Catharina Cordes:	S. 49, 62, 67, 144, 146, 156.
Marianne Laws:	S. 10, 12/13, 17, 20, 41, 77, 86, 107, 115, 116/117, 130, 142, 151.
Frank Wilde:	S. 6, 60, Umschlag.
Bettina Zeller:	S. 2/3, 5, 15, 42/43, 46, 51, 53, 55, 79, 128/129, 134, 155.
Zooarchiv:	S. 18/19, 32/33, 73, 84, 85, 89, 95, 98, 99, 112/113, 119, 138, 154.

Impressum

©Madsack Mediengruppe GmbH & Co. KG
August-Madsack-Straße 1
30559 Hannover
www.madsack-agentur.de

1. Auflage: Juni 2018

Autor: Detlef Busse
Projektleitung: Nicole Hackmann
Art Direktion: Sabine Erdbrink
Lektorat, Satz, Bildbearbeitung: zu Klampen Verlag, Springe
Druck: Druckhaus Pinkvoss GmbH,
Landwehrstraße 85, 30519 Hannover

ISBN: 978-3-946544-19-7

Bibliografische Informationen der Deutschen Bibliothek:
Die Deutsche Bibliothek verzeichnet diese Publikation
in der Deutschen Nationalbibliografie; detailierte Daten
im Internet über http://dnb.ddb.de abrufbar.